羊皮卷

人类历史上从未被超越的励志经典

张艳玲 ◎ 改编

民主与建设出版社

·北京·

© 民主与建设出版社，2021

图书在版编目 (CIP) 数据

羊皮卷 / 张艳玲改编 . —北京：民主与建设出版社，2015.12 (2021.4 重印)

ISBN 978-7-5139-0903-7

Ⅰ . ①羊… Ⅱ . ①张… Ⅲ . ①成功心理—通俗读物Ⅳ . ① B848.4-49

中国版本图书馆 CIP 数据核字（2015）第 269716 号

羊皮卷
YANGPI JUAN

改　　编	张艳玲
责任编辑	王　颂
封面设计	天下书装
出版发行	民主与建设出版社有限责任公司
电　　话	（010）59417747　59419778
社　　址	北京市海淀区西三环中路 10 号望海楼 E 座 7 层
邮　　编	100142
印　　刷	三河市同力彩印有限公司
版　　次	2015 年 12 月第 1 版
印　　次	2021 年 4 月第 3 次印刷
开　　本	710 毫米 ×944 毫米　1/16
印　　张	13
字　　数	130 千字
书　　号	ISBN 978-7-5139-0903-7
定　　价	45.00 元

注：如有印、装质量问题，请与出版社联系。

前言 | PREFACE

《羊皮卷》是奥格·曼狄诺汇编的一部影响深远的著作。奥格·曼狄诺是世界上最伟大的演说家、作家、成功励志大师之一。1924年,他出生在美国东部的一个普通家庭中。他在28岁之前有了很好的工作,并且娶了漂亮的妻子。然而,一次偶然的机会,由于他自己的愚昧无知和经受不住种种的诱惑,他犯下了不可饶恕的错误,最终失去了自己所拥有的美好生活。家庭破碎了,工作失去了,自此,奥格·曼狄诺被自己内心的痛苦折磨着,对生活也失去了信心。后来,他流浪街头,成了一个流浪者。

在一次礼拜日上,他认识了一位非常受人尊敬的牧师,牧师的话使奥格·曼狄诺获得了重获新生的信心。临走的时候,牧师送给奥格·曼狄诺一本圣经,告诉他在困惑的时候要向主忏悔。同时,牧师还送给他一份列有11本书书名的书单,让他在书中寻找自己的精神家园。这些书名是:《思考致富》《信仰的力量》《钻石宝地》《最伟大的力量》《爱的能力》《获取成功的精神因素》《本杰明·富兰克林自传》《向你挑战》《从失败到成功的销售经验》《神奇的情感力量》和《思考的人》。

奥格·曼狄诺听从了牧师的指点,每天都到图书馆,按照书单将11本书一一找出来并认真阅读。渐渐地,他驱散了心头的阴云,鼓起了生活的勇气,他决定要用爱面对世界,重新开始自己的新生活。

从此,他开始了自己的奋斗历程。终于在35岁时,奥格·曼狄诺创立了自己的杂志社。1968年,他又创作出《世界上最伟大的推销员》一书。该书一经问世，便取得了巨大的成功，被翻译成20多种语言在各个国家出版。他一生著有14本书，销量达到几千万册，成千上万的来自社会各个阶层的读者都盛赞奥格·曼狄诺改变了他们的生活，从他的书中得到了精神的力量，称赞他的书是充满智慧、灵感和爱的佳作。

"羊皮卷"在西方经常被认为是思想宝典的意思，是曾经启发奥格·曼狄诺精神的著作中提取了最核心的要素，以"羊皮卷"为题目，也是希望给读者提供一种精神的启迪，让每一个人在人生的路上都能找到自己的方向，实现自己的价值。

目　录

前言 ··· 1

第一章　最伟大的力量

01　发现它,最伟大的力量 ································· 2
02　选择的力量 ··· 5
03　选择财富 ·· 8
04　选择周围的环境 ··· 12
05　选择你的性格 ·· 16
06　选择幸福 ··· 21

第二章　思考的人

01　思考与性格 ·· 26
02　思考对环境的影响 ····································· 29
03　思想对健康和身体的影响 ···························· 33
04　思想与目标 ·· 36
05　成功中的思考因素 ····································· 39
06　梦想与理想 ·· 44

第三章　向你挑战

- 01　你能做到比现在更好 …………………… 52
- 02　去冒险 …………………………………… 56
- 03　创造性思考 ……………………………… 59
- 04　培养性格 ………………………………… 62

第四章　从失败到成功的销售经验

- 01　走出失败的想法 ………………………… 68
- 02　销售成功的准则 ………………………… 72
- 03　赢得他人信任的方式 …………………… 76
- 04　不要惧怕失败 …………………………… 80

第五章　思考致富

- 01　思考致富的第一步：思考 ……………… 86
- 02　思考致富的第二步：信念 ……………… 91
- 03　思考致富的第三步：创新 ……………… 100
- 04　思考致富的第四步：信心 ……………… 109
- 05　思考致富的第五步：激励 ……………… 123
- 06　思考致富的第六步：暗示 ……………… 130
- 07　思考致富的第七步：决心 ……………… 138
- 08　思考致富的第八步：行动 ……………… 145

第六章　富兰克林自传

- 01　我的童年 ………………………………… 152
- 02　在印刷厂当学徒的日子 ………………… 156
- 03　17岁，我离家出走 ……………………… 160

04	在凯默的印刷厂	164
05	来到英国	167
06	开始创业	170
07	创立公共图书馆	178
08	我的十三条美德修养	181
09	《穷查理历书》出版	183
10	我的自然科学研究	184
11	赴英请愿	188

第一章
最伟大的力量

羊皮卷

01 发现它，最伟大的力量

事业能否成功，往往取决于能否战胜自己的软弱，不给自己倒在地上爬行的理由。

曾经，哲学家蓝姆·达斯讲了这样一个真实的故事。一个因病而仅剩下寥寥几周生命的妇人，一直将所有的精力都用来思考和谈论死亡有多恐怖。

> 你不应该花那么多时间去想死，而应当把这些时间用来活。

蓝姆·达斯以安慰垂死之人著称，因此，当时他便直截了当地对她说："你不应该花那么多时间去想死，而应当把这些时间用来活。"

他刚对她这么说时，那妇人觉得非常不快。但当她看到蓝姆·达斯眼中的真诚时，便慢慢地领悟到他话中的诚意。

"说得对！"她说，"我一直忙着去想死，完全忘了该怎么活。"

几个星期之后，那妇人还是过世了。但是，她在死前充满感激地对蓝姆·达斯说："过去几个星期，我活得要比前一阵子丰富多了。"

第一章　最伟大的力量

当我们遇到生命中不可避免的病痛、损失、挫败的时候，常常会因为不断地专注于这些，而使得日子更加难过，甚至许多人因此觉得"活不下去了"，轻率地走上了死亡的不归路。没有人喜欢人生的痛苦，但只有一部分人能控制现有的痛苦而不任其放大，因为这部分人明了自己的思想动力，愿意并能成功地掌握自我，从而具有较佳的应对能力。

在现实生活中，除了身有残疾和病痛的人，健康的人在遭遇挫折和失败的打击后，也会生出悲观失望、自怜自卑的心情来。在这种情绪的笼罩下，人往往不是寄希望于他人的援助，就是一蹶不振，失去重新尝试的勇气。实际上，只有勇敢地面对挫折和失败，对自己进行鞭策和批判，认真反省和检讨失败的原因，这样才能走出懦弱心理的陷阱。

事业能否成功，往往取决于能否战胜自己的软弱，不给自己倒在地上爬行的理由。

千百万人都在抱怨他们的命运不济，缺少成功的机会。那么，机会对人生究竟有多重要呢？其实机会就像买彩票一样，投入越多，失望的概率就越大，因此，有些时候，相信机会也是一种自欺欺人。

58岁的商人麦士相当困难，不幸患上了白内障，视力严重下降，不要说阅读写作，就连驾车外出都相当困难。与他一同患病的一位病友忍受不了这种折磨，每天不是喝得酩酊大醉，就是对着别人大发脾气，结果，不到半年，那位病友便离开了人世。目睹此景，麦士倍感凄凉。因为疾病，他不得不结束了原来的生意。不久，他的生活渐渐陷入了困境。

在那段举步维艰的日子里，书给了麦士很大慰藉。因为患病，麦士深刻地体会到了视力不良者的不便与需要，他决定寻找一种能够易于阅读的字体。

经过一年左右的研究，麦士发现在纸上印有粗线条的斜纹字体，不但对视力有障碍的人大有帮助，一般人阅读的速度也会随之增加。于是，麦士把自己仅有的15000元存款从银行里取了出来，把这组新研究出来的字体整理完善，打算全面推广。麦士在加州自设了印刷厂，第一部特别印刷而成的书，不是什么文学名著，而是居全球销售量之冠的《圣经》。无

羊皮卷

疑，这种宣传极具号召力，一个月内，麦士接到了订购 70 万本的订单，这项业务为他带来了丰厚的利润。

当你遭受损失、挫折的时候，不要把目光盯在你无法挽回的部分，而要放在"生活里还有哪些值得感谢""还能为自己做些什么"的部分。当自己的情绪消极、低落时，要确保自己的意念完全投注在解决办法上，而非问题上。学着即使面对不幸、挫折时，也要洒脱乐观、积极向上。那么，即使出现再艰难的景况，我们也能保持内心的宁静；在苦难突然降临的时候，我们能沉着冷静地应对，从而主宰自己的命运。

在我们有限的生命中，上苍恩赐了我们许许多多宝贵的礼物，"选择的权利"就是其中一项。

既然上天赋予了我们这项权利，我们就应该进行思考、言语、行动，决定自己该怎么做，要不要相信某些事情。许多人总认为只有在决策时才需要做出选择，实际上，除了进行决策，我们所做的每件事情都是一种抉择。

在日常生活中，能够让我们产生压迫感的事情多得数不胜数，其中，失去控制感就是最令人头痛的一项。我们之所以会感觉自己拥有控制感，就是因为我们有选择的权利，如果有人剥夺了我们这项上天赋予的权利，就等于要我们不能自主地思考、言语、行动……要我们没有受压抑、痛苦的感觉都难。

正因为这种权利是上天恩赐的，所以，不论面对任何事，我们都可以自行决定是不是要插手，选择权永远在我们自己。暂且不说我们做出了怎样的选择，是勇于面对事情也好，是逃避现实也罢，只要做出选择，我们就会感到那种控制感又回到自己的身上。

许多人总是抱怨自己活在别人阴影下，什么事都由别人控制着，自己就像是傀儡一样任人摆布。殊不知，要怎么活、该怎么过都是由自己选择的，哪能怪得了他人。

是的，人总是有很强的控制感，除了想完全控制自己之外，也想控制别人。无形之中，他人的一举一动会侵犯了你的权利领域，但是，当碰到这种外来的侵犯时,你本身的控制感难道不曾抵抗过吗?

因此,假如你也有过丧失了控制感的迷惘,你该自省一下,自己是不是了解自己的选择权利何在?有没有充分运用它?

想要对自己好一点,就该善用你的控制权,才能减少压迫感。

没人能完全左右自己的命运,但至少该充分掌握选择的权利。若抉择之后,又全力以赴,成败就不必计较了。

02 选择的力量

选择的力量就存在普通而平凡的生活之中,它决定着你人生的方向,可以说,这种伟大的力量是上帝支配你的一只神秘的手。

是的,无论你信仰什么,你都具备这种力量。你有选择鞋、汽车、广播、节目、电影、度假的方式、伴侣的权利。你有这种能力,没有任何来自你本人之外的东西强迫你做出这些决定。你做了决定,因为你做了选择;你做出了如此的选择,因为你希望它是这样的。假如它是个糟糕的选择的话,我们希望有个什么人或什么东西可以去责怪。于是,有人就说:"这是上帝的旨意。"可是,这是吗?也许,你很熟悉那句老话:"自助者,天恒助之。"对于上帝的那些传说,不管我们是相信还是不相信,或者到底能够相信多少,上帝确实赋予了每一个男人和女人自助的权利……或者,换一种说法,就是选择的权利。

一个刚生下两天的婴儿被医生宣判"这个孩子不能活了",孩子的母亲痛不欲生。

"这个孩子一定会活下去!"孩子的父亲坚定地对孩子的母亲说。这位父亲有信心,更相信行动。他立即行动起来,委托一位小儿科大夫照料孩子。根据以往的经验,这位医生知道自然给每个有生理缺陷的人都提供了一个补偿的因素。这孩子确实活了!

羊皮卷

有一则故事：

曾经，美国《芝加哥每日新闻报》上刊登过一篇文章，文章的标题是"我活不下去了"。这篇文章讲述了一个故事：一位62岁的建筑工程师回到家里，上床就寝时，感觉胸痛，呼吸急促。他的妻子比他年轻10岁，看到丈夫的状况后大为惊慌，她怀着希望为丈夫按摩，试图增强他的血液循环。结果，他死了。

"我再也不能活下去了！"这位寡妇对她的母亲说。

于是，这位寡妇由于承受不住心理上的打击也死了。她和她的丈夫死在同一天！

多么惊人的事实！那个活下来的婴儿的父亲和那个死去的妇人因为选择了不同的处事方式，所以产生了截然不同的结果，前者是积极心态下的选择，而后者则是消极的。正如丁·马丁·科尔所说：

"如果我们选择吃得太多并因此而生病的话，那么，这该责怪谁呢？如果我们选择将车开得太快以至于它最终失去控制的话，那么，这该怪谁呢？如果我们选择使自己的性格龌龊，令人讨厌，那么，这该怪谁呢？如果我们选择把钱带进棺材，成为'坟墓中最富有的人'，却使自己成了病人的话，那么，这该怪谁呢？如果我们没有学会该如何生活的话，那么，我们该怪谁呢？怪上帝？啊，不！我们不能责怪任何人。上帝爱你，他不会伤害任何人。是我们没有正确地运用上帝赋予我们的最伟大的力量：选择的能力，这样，我们便自己伤害了自己。"

其实，选择的力量就存在普通而平凡的生活之中，它决定着你人生的方向，可以说，这种伟大的力量是上帝支配你的一只神秘的手。靠着这种伟大的力量而卓有成就的吉姆·史都瓦先生曾讲述这样一个故事：

"在我和克丽丝朵刚结婚几天后，我收到了一封通知。通知的内容是关于一场将在亚利桑那州的凤凰城举办的研讨会。主办人是我十分敬仰的对象。于是，我下了一个决定：即使要花1000美元，我们也要去参加那场研讨会。

那个时候，我和克丽丝朵的存款最多只有3位数，而且每个月都在

0—999 元之间大幅波动。我们还不算太穷，真正的穷人是无法负担像我们当时那么多的债务的。但是，花 1000 美元去参加一个远在千里之外的研讨会——你可以想象这笔费用对我们来说，就像飞到月球一样庞大。

我们决定开车去凤凰城，临行前我们将我们的爱车'老绿狗'送进维修厂维修。维修工人对我们说：'我不能保证这台车还可以顺利地离开这里。'我向他表示谢意，然后对克丽丝朵说：'我想还是不要告诉他，我们将要乘坐这台破车长途跋涉地到凤凰城去了吧。走，出发吧！'

一路很顺利，不久，我们就抵达了目的地。在那里，我第一次听到有关老鹰和鸭的故事。鸭子在水塘中生活，它们游水、呱呱叫，随同伴定期移居，但从不高飞。相反，老鹰则不断冒险，展开翅膀在高空中独自翱翔。演讲者不断强调，大约只有 5% 的人会选择成为老鹰。这些话给了我很大的启示。离开的时候，我对克丽丝朵说：'虽然我还不知道要怎么做，但我确定我们必须成为那 5% 的人的其中之一！'

这 5% 的人勇于冒险，愿意做一些别人不想做的事，愿意为了追求人生中更重要的事情，而放弃自己现有的利益。这 5% 的人追求正直、诚实、勤恳的人生，将人格及价值观放在第一位，其次才是外在的事物。

从凤凰城开车回家的第二个晚上，我们睡在车里。凌晨 3 点的时候，我忽然醒来，对着也同样醒着的克丽丝朵说：'看看窗外，半夜 3 点了，在这个陌生的地方，你有没有看到其他人也睡在一辆价值 300 块的破车

里呢？'她回答说：'没有，吉姆，我没有看到任何人！'我说：'我们应该就是那5%的人吧！'

我们都笑了起来，虽然听起来有点像在苦笑，但我们也同时下定决心要做那5%的人。克丽丝朵和我做了一个很有意义的决定，那就是我们决心要成为出类拔萃的精英分子，绝不落于人后。我们不要像鸭子一样，整日生活在池塘里，任猎人宰割，我们要振翅高飞，我们要成就非凡，实现自我。"

03　选择财富

不管你是谁，不论你的年龄、文化程度、职业如何，你都既能吸引财富，也能排斥财富。我们说："要吸引，而不是排斥财富。"

假如你是一位住院的病人，你就该像乔治·斯太菲克那样花时间去制定各种计划、方案，以吸引财富。

乔治·斯太菲克在美国伊利诺伊州亨斯城退役军人管理医院疗养。在那里，他发现了思考的价值。经济上他是破产了，但在他逐渐康复期间，他拥有了大量的时间。在这些时间里，除去读书和思考问题之外，他没有太多的事可做。于是，他读了《思考致富》一书，没想到，他被书的内容深深吸引。

他想到了一个主意。斯太菲克知道，许多洗衣店为了保持衬衣的硬度，避免出现皱纹，都把刚熨好的衬衣折叠在一块硬纸板上。他就给洗衣店写了几封信，获悉这种衬衣纸板的价格是每千张4美元。他的想法是，按每千张1美元的价格出售这些纸板，但每张纸板上要刊登一则广告。当然，登广告的人要付广告费，这样他就可以从中得到一笔收入。

有了这个想法后，斯太菲克就想方设法地去实现它。

出院后，他立即投入到了行动中！

因为斯太菲克以前从未涉足过广告领域，因此他遇到了一些问题，虽然别人说"尝试发现错误"，但我们说"尝试导致成功"，斯太菲克最终取得了成功。

斯太菲克继续保持他住院时养成的习惯——每天花一定时间从事学习、思考和计划。

后来，他决定提高他的服务效率，增加他的业务。他发现衬衣纸板一旦被从衬衣上拆除之后，就不会为人们所保留。于是，他给自己提出这样一个问题："怎样才能使许多家庭保留这种登有广告的衬衣纸板呢？"不久，解决的方法浮现在他的脑海中。

他在衬衣板的一面继续印有一则黑白或彩色广告，在另一面，则增加了一些新的东西——一个有趣的儿童游戏，一份供主妇参考的家用食谱，或者一句引人入胜的话语。斯太菲克给我们讲到一个故事：一位男子抱怨他的一张洗衣店的清单突然莫名其妙地不见了。后来，他才发现，原来是他的妻子把它连同一些衬衣都送到洗衣店去了，而这些衬衣其实还可以再穿穿。而他的妻子这样做却仅仅是为了多得到一些斯太菲克的菜谱！

小有成就后，斯太菲克并没有就此停滞不前，他雄心勃勃，要更进一步扩大业务。他又向自己提出一个问题："如何扩大？"不久，他找到了答案。

乔治·斯太菲克把他向各洗衣店出售衬衣纸板的收入全部送给了美国洗染协会。该协会则建议每个成员都应当使自己以及他的行业工会只购用乔治·斯太菲克的衬衣纸板作为回报。这样，乔治就有了另一个重要的发现，你给别人好的或称心的东西愈多，你的收获就愈大！

安排一段时间，专用于思考，对于成功地吸引财富是十分必要的。正是在十分宁静的情况下，我们才能想出最卓越的主意。当你抽出一部分时间从事思考时，不要以为你是在浪费时间。如果你能把你时间的 1% 用于学习、思考和计划，你达到目标的速度将会是惊人的。

你的一天有 1440 分钟，将这个时间的 1%，也就是 14 分钟用于学习、

羊皮卷

思考和计划,并养成这个习惯,你就会惊奇地发现,无论任何时候、任何地方,无论是洗涤碗碟、骑自行车,还是洗澡时,你都可以获得建设性的主意。

你一定要使用人类曾经发明的最伟大而又最简单的劳动工具——一支铅笔和一张纸,这样,你就可以像他那样随时记录来到你心中的灵感。

乔·史派勒有一本书叫《动手来种钱》,书中他提到一个只剩下1美分的人,当这个人正准备用掉唯一的1美分时,他突然改变了想法,他把钱换成美金的铜币。他在心里默默告诉自己,当每次花掉钱时,就要让钱再以10倍或更多倍的数量再回到手上。这种方法的确奏效!最终,这个人获得了更多的财富,成了一个富有的人。

19世纪中叶,美国加州发现金矿的消息传遍全国。许多人认为这是一个千载难逢的发财机会,于是纷纷奔赴加州。17岁的小农夫亚默尔也毅然决定加入淘金者的行列,他同大家一样,历尽千辛万苦,也在所不惜。

淘金梦是美丽的,做这种梦的人自然很多,而且越来越多的人蜂拥而至地来到加州,一时间加州遍地都是淘金者,而金子自然越来越难淘。

不但金子难淘,而且生活也越来越艰苦。淘金的山谷气候干燥,水源极其缺乏,许多不幸的淘金者不但没有完成致富梦,反而丧身此处。和大多数人一样,小亚默尔不但没有发现黄金,反而被饥渴折磨得半死。一天,他看着水袋中一点点舍不得喝的水,听着周围人对缺水的抱怨,亚默尔灵机一动:淘金的希望太渺茫了,还不如卖水呢。于是,亚默尔毅然放弃徒劳无益的淘金梦,将手中挖金矿的工具用来挖水渠,然后从远方将河水引入他事先挖好的水池里,用细沙过滤,最后成为清凉可口的饮用水。接着,他将水装进桶里,挑到山谷一壶一壶地卖给找金矿的人。陶醉在淘金梦中的人们被口渴困扰的不行,看见水甚至比挖到金子更欢喜。于是,为了换水,一枚枚的金币流进了亚默尔的口袋里。不过也有人嘲笑亚默尔,说他胸无大志:"大家走遍千山就为挖到金子,而你却干起这种蝇头小利的小买卖,这种生意哪儿不能干,何必跑到这里来呢?"

面对种种讥讽,亚默尔毫不在意,不为所动,继续卖他的水。后来,黄金渐渐难以找到了,很多淘金者都空手而归,而亚默尔却在很短的时间靠卖水赚到几千美元,这在当时可是一笔非常可观的财富。

通过正确地运用这种伟大的选择的力量,你就肯定能改善自己的金融和财政状况。太多的人没能正确地运用这种伟大的力量,而这恰好让他们成了自己极想躲避的那种东西的奴隶。

有两个年轻人一同去寻找工作,其中一个是英国人,另一个是犹太人。他们都怀着美好的愿望,寻找适合自己发展的机会。有一天,当他们走在街上时,看到有一枚硬币躺在地上,英国青年看也不看一眼就走了过去,犹太青年却激动地将它捡起。

英国青年对犹太青年的行为露出鄙夷之色:一枚硬币也要捡,真是没出息!

犹太青年望着走远的英国青年心生感慨:让钱白白地从身边溜走,真没出息!

后来,两个人同时进了一家公司。公司很小,工作却很累,工资也很低,英国青年不屑一顾地走了,而犹太青年却高兴地留了下来。

两年后,两位年轻人又在街上相遇了。这时,犹太青年已成了老板,而英国青年却还在寻找工作。

英国青年对此毫不理解："你这么没有出息的人怎么这么快就'发'了呢？"犹太青年说："因为我不会像你那样绅士般地从一枚硬币上迈过去,我会珍惜每一分钱,你却连一枚硬币都不要,怎么会发大财呢？"

英国青年并不是不在乎钱,可他的眼睛盯着的是大钱而不是小钱,所以他的钱总在明天,这就是问题的答案。

在一个富商看来,金钱的积累是从"每一枚硬币"开始的,一个成功致富的人决不会嫌弃钱少而不要,他们知道任何一种成功都是从一点一滴积累起来的,没有这种心态就不可能得到更大的财富。

对待金钱的态度也反映了一个人对待人生和事业的态度,只有在任何时候都不好高骛远、脚踏实地的人,才能为自己的前程打下坚实的基础。反之,不仅不能得到大的财富,小的财富也会与之失之交臂。

04　选择周围的环境

成功永远都是高高在上的,通向成功殿堂的门不会总是打开的。每一个想要成功的人都要靠他们自己的力量打开这扇门,而随后这扇门又关闭了。

任何稍微有点儿常识的人都明白自己不能控制周围的环境。当然,除非你刚好成为政府的首脑,也许那个时候你就可以按自己的意愿控制周围的环境了。

可是,对于我们中的大多数人来讲,我们必须承认我们控制不了外部条件。这是千真万确的事实。那么,我们能做些什么呢？我们能够控制我们的想法,而且,通过控制自己的想法,通过运用这种最伟大的力量——选择的力量——我们能够间接地控制周围的环境。

理查德·阿科怀特是一个13岁的孩子,他住在简陋的小屋里,没有受过什么教育。但是,他发明了纺纱的模子,为英格兰的发展做出了巨大的贡献。

索拉利奥是一个流浪街头的吉卜赛修补匠,因为画家安东尼奥·德尔费罗德常常请他到家里做些修画具的工作,时间一久,他便爱上了安东尼奥的女儿。但是,安东尼奥说只有像他一样优秀的画家才能娶他的女儿。"你能给我10年的时间吗?到时候我一定会成为一个像你一样优秀的画家来娶你的女儿。"安东尼奥答应了他,因为他觉得这根本是一件不可能的事,而且这样就可以摆脱这个吉普赛人的打扰了。10年快要过去了,一天,国王的一个姐姐给安东尼奥看了一幅圣母玛利亚和一个孩子的画。她说自己不太懂画,想要大画家来评判一下。安东尼奥看过后,给予了最高的评价。而当他知道这幅画的作者就是索拉利奥的时候,他感到非常吃惊。于是,他遵守自己的诺言,将女儿嫁给了索拉利奥。

萨卢斯特说:"每个人都是他自己命运的设计者。"

一个人不仅仅是他自己命运的设计者,他还必须为自己铺路。贝亚德·泰勒在23岁时这样写道:"我要成为我自己心灵形象的塑造者。"他的传记记载了他是如何用凿子和锤子将他自己塑造成他理想中的样子的。

在这个世界上,劳动是获得成功的唯一合法货币。上帝卖给我们的

羊皮卷

所有东西都需要用它来买,没有这个唯一的合法货币,我们什么都得不到。成功永远都是高高在上的,通向成功殿堂的门不会总是打开的。每一个想要成功的人都要靠他们自己的力量打开这扇门,而随后这扇门又关闭了。

环境总是时而好时而坏,为难着伟大的人。他们从布满荆棘和充满反对的道路走过来,直到最后的胜利。在他们看来,再低微的起点也算不上是什么障碍。很多农民的孩子后来都取得了巨大的成功,在商业、律师业、教堂、国会等很多尖端领域占有一席之地。很多低起点的孩子都有杰出的成就,他们当上了银行行长、学院院长、大学校长。那些贫困的男孩女孩写了很多著名的书,当上了老师或者记者。问问大城市里很多成功人士他们出生在什么地方,他们会告诉你,他们出生在一个农场或者偏远的小村庄。几乎,这个城市所有的大资本家都来自乡村。

波士顿大学的创始人伊萨科·里奇,当他刚从凯普科德来到波士顿的时候身上只有4美元,但那又能说明什么呢?他开始了自己的创业。首先他找来一块木板,做成牡蛎的样子立在街角。然后,他借了一辆独轮手推车,走到了3千米外的渔船上,从渔夫那里很便宜地买了些牡蛎,接着推到他立牌子的地方开始加价销售。就这样,他的钱积累到了130美元,于是他买了一匹马和一辆手推车。

但那又能说明什么呢?人们取得了很多伟大的成就。然而,有些年轻人却因为没有起始资金,终日彷徨不知所措,他们等待着遇上好运气,或者别人能给他们一个礼物。但是,成功是依靠辛苦的劳作和坚韧的毅力获得的,你付出了代价,才能真正地拥有它。世上有哪个孩子比艾利弗·波瑞特的机会更少呢?艾利弗跟着一名铁匠作学徒,白天他得在铁匠的铺子里工作,只能挤晚上睡觉的时候开始学习。但是,他很好地抓住了可利用的每一分钟,吃饭的时候他就在面前摆一本书,平时口袋里总是装着一本书,只要一有空闲他就会拿出来看。他充分利用晚上休息和假期时间来学习,利用很多孩子都浪费掉了的零碎的时间来学习,因此获得了很好的教育。到了30岁的时候,艾利弗已经掌握了欧洲所有重要的语

第一章　最伟大的力量

言,而且学会了部分亚洲的语言。对这个孩子来说,他又拥有什么好的机遇呢?

可能很多读这本书的年轻人都不会有很好的成功机会,但只要他们拥有对知识的渴望和自我提高的愿望,就一定能克服前进道路上的一切困难。

很多时候,天才仅仅来自于不懈的努力和勤奋,产生于艰苦的工作,很多普普通通的人就是因为这样变成了天才。对于那些正与艰苦环境作斗争或者已经成名的年轻人来说,如果能够 90% 地理解这一点,那么,他们的未来就充满了希望。颇有趣味的是,那些谈论天才最多的人往往是工作最少的人。一个人越懒惰,他就会越喜欢谈论天才所做的伟大事迹。

最伟大的天才都是最勤奋的人。谢瑞旦被人们称作天才,可是,谁又知道,他在下议院被人称赞的"才华"和那些"即兴的精彩演讲"的背后,他付出了多少?那些都是事先经过精心准备、一遍又一遍地修改和推敲后,为防任何紧急情况而写在他的备忘录上的。

伟大的文学作品都经过了很多次逐行逐段地推敲和修改,经常会重写很多次。一个能经得起时间考验的作品中所包含的文学工作者的艰辛劳动是不可估量的。卢克莱修一生就写了一首诗,但这几乎消耗了他一生的时间。据说,布赖恩特曾将作品《死亡观》修改了 100 次,但即便是这样他也不是非常满意。约翰·福斯特会因为一个句子思考上一个星期。不管他写什么,他都会不断地删除、分解、剪接,甚至全部重写,或者试着用其他的方式来写,直到他自己满意为止。有一次,查尔美斯问福斯特在伦敦做什么。他回答说:"正在努力以每星期一行的速度写作。"

最伟大的天才罗德·贝肯,在去世的时候留下大量手稿,写着"突然的灵感,写下来以备用"。休姆每天要花费 13 个小时写他的《英国史》。以法学知识闻名于世的罗德·艾尔登,在他还是一个穷学生的时候,因为没有钱买书,他便借阅和复印了上千页的法律书籍。马苏·海尔几十年来都是每天学习 16 个小时的法律。对于弗科斯,人们都会说他的写作是"一点一滴"地写出来的。卢梭在谈到他为流畅而生动的写作风格所付出的劳动时说:"我的草稿全是涂改、污点和乱画的痕迹,别人很难看懂。在印刷之前,所有的文章都要至少改过四五次。我的有些作品在成文之前在我的头脑里已经翻来覆去思考了五六个晚上。"

　　如果仅仅是某种特定的方式才能够使人们认识到这种最伟大的力量的话——这种选择的力量。其实,这种做出正确选择的力量只存在于人类自己的头脑中,他们可以拥有自己的选择权,来实现自己的计划,真正按照他们所梦想过的方式去生活。而将责任推给周围的环境是非常容易的;将责任推给亲戚朋友也是非常容易的;将责任推给政府还是极其容易的;将责任推给任何人、任何事都是再容易不过的事,如果你选择这样做的话。不过,每个意识到了这种最伟大的力量——选择的力量——的人都开始取得进步。这种进步不仅是表现在生意上,也反映在一个人的社会生活、家庭生活和私生活上。他开始认识到他是那个做出选择的人,而他的朋友们、亲戚们,他们虽然都是为了他好,可是并不能代他做出选择。这样,他就开始树立起一种真正的自信。这种自信是树立在他自己的能力、活动和主动性的基础之上的。他不再依赖于周围的环境,也不再依赖于想象中的某个东西,而是依靠自己。在他认识到这种力量的时候,结果就不断地显现出来了。意识到这种力量是相当困难的,因为我们的大脑就好比是一个跑马场,因为在我们的大脑中有千百种选择会以极快的速度跑过,我们很难分辨出这种简单却又令人惊讶的选择的力量。

05　选择你的性格

　　如果你想变得令人愉快,你就必须做到慷慨大方。自私自利、狭隘的性格是不可爱的。

　　在人的性格中,有些东西是摄影师无法捕捉、画家无法描绘、雕刻家无法塑造的。"个性"是一种难以名状的品质,人人都能亲身感受它,但是却没有人能够描绘它，没有作家可以用文字来记录它。尽管如此，它却和人生的成功紧紧相连，起着极大的作用。

个性是一种微妙的东西，有些人拥有极其非凡的个性。例如林肯和布莱尔，发表演说时只要一提到他们的名字，听众们便如痴如狂、无比热情地欢呼鼓掌。克雷也正是因为他独特的个性而成为选民们的偶像，韦伯斯特和索姆奈同样也是伟人，但他们就没能像布莱尔和林肯那样激起人们哪怕1/10的自发热情。

如果我们拥有足够强的洞察力和足够细致的观察能力的话，我们就能确定一个人的性格，而且还能对他所交往的同学和朋友作出精确的判断。事实上，因为我们经常根据一个人的能力而不是人格魅力来推测他们将来可能从事的职业，所以我们常常会被误导。然而，在人生的前进道路上，人的个性是和智力与教育同样重要的。实际上，我们经常看到一些能力平平，但性格很好、举止得当、富有魅力的人，做起事来远远超过那些智商很高的"天才"。

这里有一个例子能简单明了地说明个性的影响力：一个演说家在发表演讲时总能像暴风骤雨般带动他的听众，然而，一旦这些演说词被打成文字，它所包含的个人感染力就消失殆尽，几乎再也无法打动人心了。这些演说家的影响力完全依赖于他们的现场风度——他们自身所流露出的气质与个性，这与他们说了什么或是做了什么相比，更为重要。

某些特定的个性远远胜过美丽的身体和有用的知识。正如文学名著《简·爱》中，财大气粗、性格孤僻的庄园主人罗切斯特，怎会爱上地位低下而又其貌不扬的家庭教师简·爱呢？因为简·爱自信自尊，富有人格的魅力。当主人罗切斯特向她吼叫"我有权蔑视你"的时候，历经磨难的简·爱用充满超人的自信和自尊及由此带来的镇静的语气回答："你以为我穷，不好看，就没有感情吗？……我们的精神是平等的，就如同你和我将经过坟墓，同样站在上帝面前一样。"正是这种自信的气质，使她获得了罗切斯特由衷的敬佩和深深的爱恋。

我们总会有意无意地被拥有这种魅力的人所影响。当我们碰见他们

我们的精神是平等的

时,我们有一种升华的感觉,他们能释放出一种无与伦比的潜力。我们扩大了视野,感到一种新的力量激荡全身,仿佛长久以来一直压迫我们的巨石被移开了。

尽管可能只是第一次见面,但我们已经能用一种连自己都觉得震惊的方式和这样的人交谈,我们能超越自我,更清楚、更准确地表达自我。他们激活了我们深藏的自我,他们引导我们发现了更深邃、更优秀的自己。在他们的气质影响下,我们的脑海中充满了各种各样的、以前从来没有过的冲动和渴望,生命马上就具有一种更崇高的意义,一种要比过去做得更多更好的热切渴望——它在我们的心中如同熊熊大火般燃烧着。

也许就在几分钟以前,我们还在既悲伤又失望,然而,突然之间一个具有这样强大影响力的人打开了我们生命的缺口,并且挖掘出我们隐藏的潜力。悲伤转变成快乐,绝望转变成希望,灰心转变成信心。我们的心豁然开朗,充满了激情,梦想着更崇高的理想,至少在这一瞬间,我们发生了改变。我们一改过去那平庸懒散、没有方向的生活,充满信心、满怀希望地以我们新发现的力量与潜能为将来进行不屈不挠的奋斗。

与具有这样个性的人交往,哪怕只是一分钟,我们也能感到体力和智力的增长,如同两台大型发电机加倍增强了通过的电流一样,我们再也不愿离开他们,唯恐新获得的力量再将消失。

从另一方面讲,我们常常遇到使我们感到畏缩和无用的人,当他们接触我们时，我们就会感到不寒而栗，犹如一阵严冬的寒风席卷而来，一种冰冷、紧张的感觉传遍我们全身，让我们感到自己突然变得渺小，力量与能力消失殆尽。当他们出现时，我们再也不能微笑，正如在葬礼上不能发笑一样，他们带来的空气使我们感到抑郁，冷却了我们的一切冲动。他们一出现，我们就丧失了扩展的空间，就像阴沉沉的乌云突然遮蔽了灿烂明媚的夏日天空，他们投在我们身上的阴影使我们充满了莫名的、茫然的不安。

很明显，这类人根本不认同我们的渴望，跟他们在一起时，我们不再能施展自己的雄心抱负。当他们在我们周围时，我们原本值得称赞的目的和追求突然变得毫无意义而又愚蠢。情感的魅力消失了，生活丧失了热情和色彩。因此，这种个性的效力使我们丧失勇气，而我们只想尽快逃离。

倘若我们对这两种个性进行研究，我们将发现两者最大的区别是：拥有第一种个性的人由衷地喜欢自己，而拥有第二种个性的人则不然。当然，这种能极大影响所接触到的人的个性和吸引人们注意的迷人魅力，都是天生的禀赋。但是，我们应该看到，有些人心胸宽广，真诚地关心别人，为能够帮助朋友而发自内心的高兴，他们举止文雅、待人亲切，无论走到哪里都具有极强的影响力。他们能影响接触他们的人，使其精神百倍，备受鼓舞，他们也受到所有人的信任和喜爱。如果我们愿意，我们也能培养出这种性格。

培养受人欢迎的个性是很有必要的，它能使成功的机遇倍增，能够发展人际关系，塑造良好的形象。正如许多成功人士和商业巨子在分析他们的成功之路时，他们自己往往都会感到惊讶，因为很多人发现，他们的成功很大程度上竟归功于自己良好的礼貌习惯和受人欢迎的性格。如果不是因为这些，而仅仅依靠他们的聪明才智、毅力和商业实践，那么他们可能还不能获得一半的成功。因为一个人不论有多大的能力，若是他粗鲁野蛮地赶走了委托人、客户和病人，如果他的性格令人生厌，那么他将永远处于劣势。

羊皮卷

　　学会与人愉快相处的艺术,这将比任何东西更能帮助你表达自己,它将唤醒你成功的潜能,使你赢得更多人的信赖和支持。总的来说,这种才能应该算是一种最令人羡慕的天赋,但是由于它具有某些后天培养的特质,所以,通过培养和训练也能做到。

　　取悦于人的秘密是取悦自己、丰富自己,如果你想变得令人愉快,你就必须做到慷慨大方。自私自利、狭隘的性格是不可爱的,人们都反感并厌恶这种个性的人。因此,你必须不容置疑地在表情、微笑、握手和言行中让人感到真诚,就像眼睛抗拒不了灿烂的太阳一样,最强硬的人也会被这样的性格所软化。如果你可以散发出甜美和光芒,人们将乐于接近你,因为我们都在追寻阳光,而尽力躲避阴影。

　　在很大程度上,家庭教育和学校教育决定了我们的成功,然而不幸的是,当我们应该宽宏大量、慷慨高尚之时,我们却过于吝啬狭隘,过着沉默保守的生活。

　　那些具有极大个性魅力、十分受欢迎的人,总是分外留心那些能造就自己好人缘的所有优点。假如天生不擅长社交的人能像擅长社交的人那样,花大量的时间来认真学习怎样受人欢迎,那么,他们就一定能够创造奇迹。

　　每个人都喜欢可爱的性格,而对不可爱的性格持讨厌或回避的态度。

　　所有引人注目的个性的共同点就存在这个准则中。优雅的礼仪讨人喜欢;粗俗鲁莽则惹人厌烦。有些人总是不遗余力地帮助人,同情人,总是竭尽全力地为他人提供便利,而他们的行为也就赢得了别人的好感。

　　我们也可以做到这一点,上天赋予了我们这种能力。上天赋予了我们一种最伟大的力量——选择的力量。上帝是爱我们的,他希望我们能够和睦相处。是的,我们有很多不同点:不同的背景,不同的风俗,不同的语言,不同的爱好……但是,所有的不同并没有使我们到了无法相处的地步,只要我们以不令人讨厌的方式表达我们的不同意见。我们要怎样来利用这种力量,明智地还是愚蠢地。我们要有这种力量,这种最伟大的力量——选择的力量。

06　选择幸福

因为有了信仰和爱，人们便拥有了幸福。为了创造幸福，我们必须实践爱的真谛，这是绝对正确的。

马丁·科尔有一位名叫马丹的朋友，他可以算得上是真正幸福的男人。马丹因为公司的业务，经常偕同妻子玛丽一道旅行各地。在旅行途中，他总会随身携带一些相当特别的名片，在这些名片背面所写的话，经常会带给他以及他的妻子许多幸运。此外，也有不少人受到他们人格的影响，自然而然地感染了他们的幸福。

名片背面是这样写的：

"通往幸福之路的秘诀就是把你心中的憎恶赶走！把你脑中的烦恼赶走！过着简单的生活吧！减少期待而增加给予，让爱充满生活！散步于阳光之中而忘却自我。按照以上内容实行一个礼拜，你将会得到一番惊喜。"

读完这段文字后，你也许会认为："没有什么新意嘛！"是的，对于没有试验过的人来说，的确感受不出有什么新的真理。但是，只要是亲身尝试过的人，便能了解其中的奥妙。如果你认为实践这个方法没有什么意义，或者觉得做这种事太过无聊，那么你与"自家门口有金子，却过着贫穷日子"的愚人将没有什么区别。现在，不妨按照马丹先生所说的，实践一星期看看。假如这样做并未给你带来任何有关幸福的惊喜的话，那么可以说，你的幸福已经相当根深蒂固了。为了使这个方法发挥有效的力量，有必要以强烈的精神力量作为支撑。因为，如果缺少精神方面的支持，即使知道方法，也无法获得良好的效果。反之，如果能在心中产生强有力的精神力量，幸福感的到来则是可以预期的。

亚伯拉罕·林肯曾经说过："我一直坚信，只要一个人决心想获得某种幸福,那么他就能得到这种幸福。"

　　人与人之间原本只有很小的差异,但最终,这种很小的差异却往往造成了巨大的差异!很小的差异是指所采取的心态是积极的还是消极的,而巨大的差异就是幸福或者不幸。

　　因此,要想获得幸福,就必须采取积极的心态。只有这样,幸福才会被吸引到我们的身边。那些态度消极的人不会吸引幸福,只能排斥幸福。

　　"我想获得幸福……"

　　一支流行歌曲开头的一句话意义深长。"我想获得幸福,但是我只有使你幸福了,我才会得到幸福。"

　　寻找自己的幸福的最有效的方法,就是竭尽全力使别人幸福。幸福,是一种难以捉摸的、瞬息万变的东西。如果你去追求它,你会发现它在逃避你。但是如果你努力把幸福送给别人,它就会时不时地来到你的身边。

　　作家克莱尔·琼斯的丈夫是美国中南部俄克拉荷马城大学宗教系的一位教授,她在谈到他们在结婚初期所经历的一种幸福时这样说道:

　　"结婚后的前两年,我们住在一个小城市里,我们的邻居是一对年老的夫妇,妻子几乎什么都看不见,并且瘫在轮椅中。丈夫本人身体也不是很好,整天待在房子里,照料着妻子。

　　"在圣诞节的前几天,我和丈夫情不自禁地决定装饰一棵圣诞树送给这两位老人。于是,我们买了一棵小树,将它装饰好,并带上一些小礼物,在圣诞前夜把它送了过去。

　　"注视着我们精心装饰的圣诞树,老妇人伤心地哭了。她的丈夫一再地说:'我们已经有许多年没有欣赏圣诞树了。'以后每当我们拜访他们时,他们总会提到那棵圣诞树。这只是我们为他们做的一件小事,但是我们却从这件小事中得到了幸福。"

　　因为他们的友好,他们得到了一种幸福,这种幸福是一种十分深厚而温暖的感情,将永远留在他们的记忆中。

　　你可能是幸福的,也可能是不幸福的。而幸福与否主要取决于你受积极的还是消极的心态的影响,这个因素也是你所能控制的。当我们开

第一章　最伟大的力量

我们已经有许多年没有欣赏圣诞树了。

动脑筋去选择最佳方式时,我们会发现,万能的精神会来帮助我们,帮我们找到最佳的方式。有了它的帮助,我们就不会失败,我们一定能够成功!

第二章

思考的人

羊皮卷

01　思考与性格

　　想要快乐，就必须全身心地投入，在工作场合如此，在工作之外也应如此。

　　正如一株植物是从种子生长出来的一样，一个人的行为是从内心迸发出来的，内心的活动就是思考，行为的产生离不开思考。于是，在思考和行为中就形成了一个人的性格，因此可以说，性格是其思维的一个总和。

　　人类的成长是有规则的，而不是靠投机取巧完成的。在思想的境界里，因与果也是绝对的，毫无偏差。就如我们能看到的一样：高贵的品行不是来源于上帝的恩赐，也不是因为机遇的照顾，而是一种长期进行正确思考的自然结果，是一种长期进行神圣思维的成果。卑贱下流的个性也是经过类似的路程，那是长期怀有下贱思想形成的结果。

　　只有真正地用心，才能得到圆满的人生；只有拥有对新事物用尽心意的能力，才能培养起健康的态度。如果你是个固执的人，你要努力并且要有勇气改变自己的想法，只有这样，你才能开始用崭新的方式来体验生活的创意。

　　有些人不经过深思熟虑，就说产生创意的方法不过是常识而已。很多人为了解决问题而走极端，把生活弄得更加复杂，可是他们所要找的答案却近在眼前，只需依照一些基本原理即可。换言之，常识并不太平常。

　　生活中，凡事不外乎理解，你看到什么就得到什么。你可以评估自己的用心程度，如果你没有完全看到眼前所呈现的一切，就需要对周围的世界多用点心了。

　　今日的世界正以空前的速度不断改变，你不可以把自己的意见、信念和价值观牢牢地刻在心上，如此才能有效地适应当今社会的变化。千万

别当冥顽不灵的人,否则在这个日新月异的世界上,你的日子就很难过了。

有些人认为改变自己的价值观、信仰或意见就是示弱,但事实却正好相反。愿意改变并追求生命成长的人是最坚韧的人,因为他们有应变的能力。所谓只有白痴和死人不会改变他们的信念和意见,其实仍待商榷,就如前面所说,不管你是哪一种人,你都可以改变。

这里要强调的是,你感应度越低,活在这个瞬息万变的世界里,就会越格格不入。最需要改变想法的人就是那些最排斥变化的人。然而,对一些具有创造力的人而言,情况正好相反,变化令他们觉得新鲜有劲儿,他们总是愿意向自己的观点挑战,并且愿意在必要时做适当改变。

现在回头看看你目前的信念与想法,也许就能开辟出一番新天地。你要保持一种开放的心态,质疑自己所相信的每一件事,学习铲除老旧、不适用的观点,同时培养吸收新价值观与新做法的能力,试试新的事物是否可行。行动之前最重要的是选一个有创意的点子。

这个点子可以是你自己想出来的,可以是朋友或伴侣的建议,也可以是从报纸杂志里读到的。事实上,一个人与你一起把玩或讨论这个点子,可能更有意思,因为这样你们就可以多方面来探讨。

你可以像玩一个有形的物体那样玩这个点子。就像你带球冲向球门一样,你也可以针对这个点子,让心思飞得更远。譬如你的点子是处理好生活中的一切，然后前往伦敦。你在那里没有联络的对象，此时也不知道到达后是什么情形，不知要在那里待多久，不知要住在何处，也不知道自己到底喜欢不喜欢那里。你以前可能去过伦敦，也可能没去过，那倒无所谓，你尽情想象就是了。你也许永远不会去伦敦，不过这也不相干，重要的是你从各种可能的角度去思考住在伦敦的情形，你把每一种可能的因素都考虑在内。当你在想入非非时，你的点子真实得如在眼前。

同时，利用各种时刻：排队等电影的进场、上床后睡着前、削铅笔的时候等等。设想你自己积极地全神投注在一件吸引你，令你愉快或兴奋的事情上，心中毫不犹豫。

设想你自己旅游到一个只为了让你快乐才设的地方。设想这趟旅行本身很令人愉快，而且是一个美好的开始，终会带你去体验好玩的活动或平静的休息。只要有心情，你可以随时想象这个地方。这个地方可以每一次都不同，也可以保持不变。当你到达之后要做些什么，谁陪你同行并与你一起玩，要与他们共处多久，这些都由你自己决定。

一旦抵达目的地之后，就随心所欲地做自己想做的事。如果你认为游玩就是躺在海滩上两棵棕榈树之间的吊床上，边读自己最喜欢的杂志，边啜饮着清凉的热带饮料，那么就依样去想象。也许你觉得最好玩的就是在晴朗的星期天早晨，在公园里进行激烈的追逐赛，如果是的话，就纵情于这样的想象。

当你想象自己置身于愉悦的环境或情况中时，要放松自己的整个躯体，要深呼吸，要驱散一切"应该这样或那样"的念头，还要让自己觉得值得做这种想象，毕竟生命赋予我们这个机会，绝不可放弃这个可以使你创造美好人生的机会。

林肯说："大多数的人要多快乐，就会有多快乐。所以每一个人都是，要多快乐就有多快乐。"几个世纪以来，伟大的思想家所说的话，基本上就是这个快乐之道。但他们就算站在屋顶上高声宣扬，大部分的人还是不会开窍。快乐是在内心，而不是外在的。真正的快乐就是知足，世上任何财物名利都不能带来快乐，有些人虽然看似一无所有，却有发自内心的快乐。

人生的一个共同目标就是要快乐，就像我们小时候读到的童话故事里的人物一样，大部分的人都希望从此以后过着幸福快乐的日子，他们不要别的，只要享受快乐。

要尽可能地享受快乐，这又是一个达不到的目标。寻欢作乐通常只是为了逃避不愉快，而过度逸乐只会变得更加乏味。如果人生只有逸乐，没有别的，那么人生将会毫无快乐可言。

想要快乐，就必须全身心地投入，在工作场合如此，在工作之外也应如此。投入的意思就是一头栽进事情里，也就是说，一次只做一件事，并且充分享受这件事的价值。

东方的伟大哲人说："快乐就是过程。"意思是说，快乐并不是终点，它不是要你去寻找，而是要你去创造。如果你本出于快乐，就不必到处寻找快乐。

02　思考对环境的影响

在生命的安排中，没有任何投机取巧的成分，所发生的都是一种有规律的法则作用的结果。

可以将一个人的头脑比作是一个花园，既可以进行辛勤的耕种，也可以任其荒芜。但不管是精心照看还是弃之不顾，花园都会长出嫩芽。即使没有播撒有用的种子，无用的野草种子也会在其中生根发芽，并将不断地蔓延。

园丁用心地照料着自己的花园，他要不断地去清除杂草，培育鲜花和水果；人也在照看自己头脑的花园，摒弃所有错误、无用和肮脏思想的野草，同时认真地培养正确、有用和纯洁思想的鲜花与果实。在这样的过程中，一个人早晚会发现自身是自己灵魂的园丁，是自己生活的导演。他也

29

羊皮卷

将在自身中寻找到思想的法则,并越来越清楚地认识到思考的力量和头脑中的元素是怎样作用于人,从而塑造自己的个性、环境和命运。

思想与个性其实是一个整体。因为个性只能通过周围的环境表现出来,所以一个人生活的外部环境与他内心的世界是紧密而又和谐地相关联的。当然这并不是说,在任何时候一个人的环境都是他全部个性的表现,而是说环境因素与思维的一些关键成分的关联是如此的紧密,以至在一定时期,环境因素对于他个人的成长是相当重要的。

每个人所处的位置是由他自身的存在所决定的。那些根深蒂固在他性格中的思想将他引至他现在所处的地方。在生命的安排中,没有任何投机取巧的成分,所发生的都是一种有规律的法则作用的结果。这一点不仅适用于那些对于自己的环境状况满意的人,也同样适用于那些感到自己与周围的环境"格格不入"的人。

作为一个不断进步和发展的生命,人不仅存在于某一个位置,还能够学习,还能够成长。当他从四周的环境中掌握了精神食粮之后,这种环境就将过去,让位于其他的环境。

如果人认为自身只是外部条件的创造物的话,那么他只会遭受到外界环境的打击。但是,当他意识到自己是具有创造性的力量,自己能够主宰自己的命运,而外界环境正是从他自己存在的土壤与种子中生长出来之时,他就真正成了自己的主人。

冈索勒斯博士在读大学时,就观察到当时大学的教育制度存在着许多弊端。他确信,如果他任大学校长,一定会让教育体制更适合学生们的发展。

他决心自己创办一所大学,实现他的理想,让这所新的大学不受传统教育方法的约束。但是,办学校至少需要100万美元,从哪里着手去筹集这100万美元呢?等他毕业后去挣,那太遥远了。

每天晚上,带着思考入眠;每一个早晨,他伴随思考起床,不论他走到哪里,都把这个思考放在心上,可一直没取得任何进展。

他一再翻来覆去地想这个问题,直到这个问题变成了他心中魂牵梦萦、挥之不去的渴望。

作为一位哲学家和传教士,如同生活中所有成功人士一样,冈索勒斯博士看到,坚定的目标是成功的起点。他也看到,当坚定的目标有渴望作为后盾,并转化为物质的等价物时,具体的目标就会呈现出生气、生命和力量。

他知道这些重要的事实,但是他不知道该到哪里以及该怎样去筹集这100万美元。一般情况下,很多人会放弃,并说:"唉,我的主意是不错,但是光有念头,也成不了气候,因为我永远都不可能得到100万。"大部分人正是会如此说。但冈索勒斯所说的和所做的,太重要了。还是让他自己来介绍自己吧:

"一个星期六的下午,我在自己的房间里想,有什么方法可以筹到钱来执行计划。差不多两年过去了,我一直在思考着,但除了思考外没做任何事情!行动的时刻到了!我当即决定,我要在一个星期之内弄到所需的100万。怎么弄到呢?我不关心这个。最重要的是做出在规定的期限内获得钱的决定。我想告诉你们,当我做出限定的时间内获得钱的具体决定时,一种很奇怪的自信感席卷而来,这种感觉我从来没有经历过。似乎我心中有些什么声音在说:'为什么很久以前不做决定?钱时刻都在等着你!'

"事情开始匆忙地开展起来,我打电话给报社,并宣布我要在第二天

羊皮卷

上午讲道,题目是:'如果我有100万美元,我将怎么办?'。

"我马上开始了准备讲道资料的工作,但我必须坦白告诉你,这个任务不难,因为两年来我一直都在准备着那个讲道。

"还不到半夜,我就写完了讲道稿。上了床,带着自信的感觉进入梦乡,因为我看到我已拥有这100万。

"第二天早上,我起得很早,走进冲凉房,朗读我的讲道稿,然后双膝跪在地上,祈求我的讲道能够吸引一些人愿意资助我所需要的金钱。

"我在祈祷的时候,又一次有了那种自信的感觉,我相信那笔钱会现身出来。我激动万分,出门时竟忘了带讲道稿,直到我站在讲坛上开始演讲时,我才发现我的疏忽。

"太迟了,已经来不及回家取讲道稿。相反,我不能回去取讲道稿是件多么好的事啊!我的潜意识为我提供了所需要的材料。当我站起来开始讲道的时候,我闭上眼睛,全心全意,发自内心地去讲。我不仅是在对观众说话,同时也在对上帝说话。我讲述了如果我手上有100万,我将要做些什么。我描述了心中的计划,我要筹建一所大型的教育机构,年轻人得以在此学到实际的事务,同时发展自己的心智。

"当我演讲完毕坐下时,大约倒数第三排的一个人从座位上慢慢起身走向讲坛,我感到奇怪,不知道他要干什么。他来到讲坛,伸出手说:'牧师,我喜欢你的演讲,也相信你如果真有100万美元,一定可以做到你说的每一件事情。为了证实我相信你和你的讲道,请你明天早上到我的办公室来,我将给你100万元,我叫菲利普·阿麦。'"

第二天,年轻的冈索勒斯去了阿麦先生的办公室,获得了100万美元,他用这笔钱建起了阿麦技术学院,即如今的伊利诺伊技术学院。

年轻的冈索勒斯通过思考改变着自己的内心世界,同时也改变了外部的环境。他成功了,正如詹姆斯·艾伦所说:"一个人不能直接选择自己所处的环境,但是他能通过选择自己的思想,从而间接地、确实无疑地塑造自己的环境。"

03　思想对健康和身体的影响

罪恶的思想会使身体迅速地堕落至疾病与腐朽；愉快、美好的思想则会使身体受到青春与美丽的祝福。

身体是思想的仆役，她服从于思想的指引，无论想法是特意选择或是自动体现的。罪恶的思想会使身体迅速地堕落至疾病与腐朽；愉快、美好的思想则会使身体受到青春与美丽的祝福。

如果你了解以下两点重要事项的话，你就能使你的身体充满活力并且发挥最大机能：

1. 你的身体和思想是合一的，实际上是一个"身心"。
2. 你的"身心"和自然是合一的。

你的身体和思想的健康是不可分的，任何影响到你健全思想的因素，同样也会影响你的身体；反之，任何影响到你身体的因素，也会影响你的思想。这就是为什么我要把它们称为"身心"的道理。

但是，你会受到自然法则的规范，它对于你身心的规范和对于树木、山脉、鸟和动物的规范并没有什么不同。

因此，想要了解保持身心健康的方法必须先了解自然运作的方法，你必须和自然力和谐相处而不是要和它对抗。

当你看到海洋的波涛，季节的变换和月亮的盈亏时，便看到了自然的节奏。人的生命也同样有一定的节奏：从出生，经过儿童期，青少年期到完全成熟、年老，最后又有新的一代诞生。

生命中的任何事物绝对不会静止，运动是持续不断而且有一定节奏的。这就是为什么我们喜欢音乐的原因之一，因为音乐反映出我们的经验节奏。你必须学习随着生命的节奏摇摆，而不是站在那里以不动的姿态和它对抗。沙岸随着波涛运动和变化而能够永远不灭，但防波堤很快就会被冲垮。

注意观察你的生命,它有一定的节奏吗?你在工作之后会娱乐吗?在劳心之后会从事体力活动吗?饮食之后会禁食吗?严肃之后会表现幽默吗?

当你的意识处于休息状态时,就是你的潜意识发挥最大作用的时候;当你的潜意识承担任务,而且你的意识被其他事物(亦即放轻松)占据的时候,就是出现真正鼓舞作用的时候。

当阿基米德在努力寻求解决两个物体相对重量的复杂问题时,始终得不到解答,但当他决定放松自己并泡个澡时,他的潜意识便被浴盆中的热水激发出来。他立刻从浴盆中跳出来,并且大声叫着:我找到了!同时也找到了问题的答案,你曾经给你的思想休息的机会吗?

干扰正常节奏模式会造成许多问题,如果你在工作之后不给你思想休息的机会,你的身体就会一直处于一种被刺激的状态,这种情况可能会使你因为紧张而失调。

你不必希望永远快乐,因为果真如此的话,那种快乐一定会变得枯燥乏味。婚姻顾问的一个重要目标就是要使夫妻了解二人之间的爱不可能没有高低潮。你必须学习了解你生命中的波涛和节奏,并顺着生命的节奏表现你的爱,以及能和大自然和谐共处。

就像你必须了解整体的自然界,并随着它的节奏运动一样,你也必须了解你的身体,并随着它的节奏运动。你也必须了解你的身体和思想也是一个整体而且彼此相互影响。

人类是唯一会思考的动物,而这种思考力量使你能够改变你的周遭环境,并学习自然法则,你只需要思索观念,相信它并且实现它。

这是所有成功地改变人类文明发展方向者的故事,人类历经了几十亿年才进化到现在这个样子,但是莱特兄弟在短短20年内,就使人类能够飞上天空,这就是思想的力量。这股力量借着经验展现在我们面前,并且借着无数通晓无穷智慧之先知的言词而得以强化,耶稣曾说过:"即使到了世界末日也没有什么事情是不可能的。"

第二章 思考的人

思想比身心具有更高层次的功能,你的身体是承载思想并且执行思想指令的功能机器,想要有机能健全的身体,就必须具备机能健全的思想。

有些人的身体机能受到限制,他们或者不能动,或者不能听、说、看,但是思想的力量却能使他们过着充满创造力的生活。

文明故事所强调的是那些虽然身体机能受到限制,但由于他们拥有健全的思想机能,而能创造个人成就的伟大精神,在明确目标、信心、热忱和积极心态的羽翼上他们不断地上升再上升,终于能从对身体机能限制的绝望中上升到高度的卓越成就。这就是思想的影响力。

记住,无论你心里想的是什么,都可能会成为事实,一个害怕在冰上滑倒的人必定会滑倒在冰上。如果你的心中一再重复出现恐惧,你就会愈来愈怕你所恐惧的事物,你应该在恐惧征服你之前先征服恐惧。

你的身心随时都需要推动力,而在你平常所做的事情当中,就有许多具有良好的推动效果,你只需要去了解它们的效力,并且使它们发挥出来就可以了:

* 性和升华后的性推动力是开启你的思想的钥匙,它可使你的思想迅速、良好地发挥效用。

＊爱——性欲的最终目标——也具有同样的功能，当二者结合在一起时必可战胜所有艰难险阻。

＊强烈的欲望会发挥强有力的刺激效果。

＊工作是发挥创造力的最佳机会。

＊运动可消耗过多的精力，驱除挫折感，并且可经由更多的血液和氧气刺激大脑。

＊简单的娱乐可给潜意识活动的机会。

＊音乐充满了节奏和脉动，你可借着音乐燃起你的热忱或帮助你平静下来。

＊友情是很重要的刺激物，和你的朋友谈论你的问题，和他们一起欢笑。

＊子女也会对你产生激励的作用，你应和子女建立良好的关系，并且尽可能给他们多一点的时间，教你的孩子一些技巧，并且重新振奋你的自信心；让他们和你说话，并且重新振奋你对事物的信心。

＊自我暗示会在你的思想中，注入一些你希望得到的观念，当你需要它时就使用它。

你的思想和身体健康是不可分的，当你强化其中一项时，另外一项也会受到正面的影响，你的思想和身体就好像航行和船，它们共同将你载往你所希望的成功目标，你应尽可能保持和维护它们。

04　思想与目标

一个人应该把自己的目的当作至高无上的义务，应该全身心地为它的实现而努力，而不允许他的思想由于一些短暂的幻想、渴望和想象而迷路。

只有思想与目标紧密相连时，才可能获得智慧的成果。对于大多数人来说,他们允许思想在生命的海洋上"漂流",却不了解这究竟意味着什么。漫无目的是一种过错,对于一个不想遭受灾难和毁灭的人来说,这样的漂流必须中断。

生活中没有一个中心目标的人,很容易受到一些微乎其微的诸如忧虑、恐惧、烦恼和自怜等情绪的困扰。所有这些情绪都是懦弱的体现,都将导致无法回避的过错(虽然途径不一)、失败、不幸和落魄。因为在一个权力扩张的世界里,懦弱是不可能保护自己的。

一个人应该在心中确立一个合理的目标,然后着手去实现它。他应将这一目标作为自己思想的中心。这一目标或许是一种精神理念,或许是一种世俗的追求,这当然取决于他此时的特性。但不论是哪一种目标,他都应该把自己思想的力量全部凝聚到他为自己设定的目标上。他应该把自己的目的当作至高无上的义务,应该全身心地为它的实现而努力,而不允许他的思想由于一些短暂的幻想、渴望和想象而迷路。这是通向自我控制和集中思想的光明路途。在为目标奋斗的道路上,即使他一次次地失败(这对于他来说,在所有的软弱被克服之前是很自然的事),但是他愈来愈坚强的性格将是他真正成功的基础。这也会为未来的力量与成功创造一个崭新的起点。

那些还没有准备好考虑一个伟大目标的人,应该致力于准确无误地完成自己目前的义务,无论这些任务显得多么微不足道。只有通过这种方式,思想才能够被凝聚;果断的性格、充沛的精力才能逐渐地形成起来。当一切都准备就绪后,世上就再没有完不成的事了。

人并无怯懦的灵魂,只要清楚自己的怯懦,并且坚信这一真理,即力量只能通过努力与实践才能得到增长,那么他会立刻将这一真理付诸实践,并通过坚持不懈的奋斗、坚韧不拔的耐心使自己的力量不断增长,使自己的灵魂渐渐成熟,最终成长为一个强而有力的人。

精心、持久的锻炼可以使体质虚弱的人变得强健;同样道理,正确思想的训练也能使思想软弱的人变得坚强。

抛开漫无目标和怯懦无能,开始为你的人生确定目标,这意味着你

羊皮卷

将加入强者的行列。在强者的眼中,失败是通往成功的必经之路,他们能积极地利用外部条件,努力地思考、无畏地尝试,最终都会取得光辉的成就。

一个人在确定了自己的人生目标之后,应该在心中标出一条通向成功的笔直的道路,不要左顾右盼,而要专心致志。心中所有的疑虑与恐惧都应去除。这些杂念只会影响所有的努力,歪曲正确的方向。疑虑、恐惧的想法不会获得任何成果,永远不能,它们只会走向失败。目标、精力、行动的力量和坚强的思想都会因疑惑与恐惧的侵入而受到损害。

渴望行动来源于我们了解自己能够做,而疑虑与恐惧是我们了解自己的过程中最大的敌人。在心中放任疑惑与恐惧生长而不是将其扼制的人,即是在成功的道路上为自己增加了障碍,每走一步都会受到牵制、阻挠。

征服了疑虑和恐惧也就意味着征服了失败。这样的人的每一缕思想都富有了力量,面对所有的困难都能坦然处之,并运用才智加以克服。他的目标牢牢地植根于内心深处,它们开花、结果、成熟,而不会过早地夭折、落地。

思想与目标联系在一起时,就成为具有创造性的力量,知道这一点的人时刻准备着成为一个更崇高、更健壮的人,而不会是一个思想摇摆不定和情感变幻莫测的人。实施这一点,你就能更加清醒、明智地支配自己的精神力量。

05　成功中的思考因素

要爱我们的敌人,因为恨我们的敌人只能是火上浇油,而爱可以熄灭这种憎恨的火焰。

詹姆斯·艾伦说:"一个人所取得的所有成就和他所未能达到的都是他自己思想的最直接的结果。"

当我们赶走那些悲观、愤怒和痛苦的思想时,我们就会很快地赶走痛苦和不幸,当我们以一种更快乐和更平和的心情去面对人生的时候,我们就会很容易获得成功、健康和好运。而只要我们认识到了这一点,就能激发我们更好地控制我们的思想。

经验丰富的心理学专家能够分析出一个人的性格,即使是陌生人。他可以看出一个人正在被堕落、不和谐的思想侵蚀。而能否抵制住外界的压力,这完全看我们自己。有的人可能被一些困难吓倒,完全失去信心,但有的人就可能根本不畏惧这些困难。

有一个贫穷而孤独的老人,他失去了所有财富,失去了他的家庭,一个人孤苦伶仃地留在这个世上。但是他从来没有任何悲伤和抱怨,因为他深知应该采取什么样的正确态度去对待这一切。任何可能引起他痛苦的回忆和使他受伤害的事,都让他用良好的心态和心理矫正法抵挡在门外。他用和谐调节不一致,用真实抵制错误。

他成为一个经验丰富的心理专家,当他发现自己正处于憎恨和嫉妒时,他用爱、善意和亲切来调剂自己的心理。他从来不被怨恨和嫉妒冲昏头脑。他觉得在自己的天性中根本就没有怨恨、嫉妒这些东西。

羊皮卷

当你被害怕和烦恼困扰的时候,你一定是赋予了这些力量,不然它们不可能如此困扰你。你害怕这些事情,说明你已经在你自己和这些事情之间建立了某种联系。但是只要你知道怎样运用心理调节,就可以打破这种联系。每当你心情不好、闷闷不乐的时候,其实真正的原因就在你的心理上。

哲学中的科学理论告诉我们,要爱我们的敌人,因为恨我们的敌人只能是火上浇油,而爱可以熄灭这种憎恨的火焰。爱可以抵消憎恨和嫉妒,使我们可以和敌人交友。爱让我们没有敌人,爱我们的敌人就像用水灭火一样正确合理。

纯洁的思想可以非常迅速有效地抵制不纯洁的、享乐的思想。纯洁无私的爱抵制邪恶和肮脏的过程是迅速有效的。我们给予它们什么,我们就将得到什么。我们希望发现什么,我们就会找到什么。同样,如果我们试着寻找幸福,寻找高贵、美丽、真实的东西,这些东西很快就会来到我们身边。相反,如果我们要寻找丑陋的东西,那么我们也会很容易找到它们。如果我们用吝啬、嫉妒、可鄙之心去对待别人的话,如果我们希望在别人那里找到残忍的话,他们就真的会对我们残忍。我们对别人的估计和看法怎么样,那么这种估计和看法会影响到他们。我们生活中所遇到的每个人也会对我们作出不同的评价。

在你心中埋下的种子,应该是那些在你的生活中产生良好影响的种子。仇恨的种子不可能长出爱的花朵,险恶的种子只会收获险恶,复仇的种子只会招致血淋淋的斗争。

你对别人怎样,别人也会同样对待你。如果你心中怀着对别人的爱和同情心,那么即使对方是一个作恶多端的罪犯,他心中也会同样产生爱和同情心。相反,如果你表现出憎恨、嫉妒和邪恶,那么他受你的影响也会表现得很邪恶。爱心会引起爱心,同样,憎恨也会引起憎恨,因为它们是紧密相关的。爱别人一定不会使别人憎恨你,只要你心中充满爱,你就一定会得到别人的爱。我们对朋友必须十分友好。要想得到别人的爱,首先要爱别人。

即使是那些野蛮的动物,也会被我们的心感化。驯兽员的温柔和亲切使那些生性野蛮的动物十分驯服,但是如果只靠武力的话,恐怕 10 个人也难以对付它。我们的心中都会有善良的一面,也会有野蛮的一面。只不过当别人对我们善良友好的时候,我们会表现出善良;当别人对我们野蛮的时候,我们就会表现出野蛮的一面。

一个佛教徒说:"不管别人对我多么不好,我都会给他们以慷慨的爱。他们表现得越邪恶,我就会给予他们越多的爱。"

到一定的时候,人们就会不允许他们的头脑中再出现不和谐的思想,就像他们不会在花园里撒下蓟的种子一样。

只要看看你现在的性格,人们就知道你在年轻的土壤上种下了什么样的种子。他们不需要回到你的童年去了解你,你现在的性格说明了一切,你现在的性格是你所种下的种子生长出来的结果。不要希望撒下蓟的种子,而收获到芬芳的玫瑰花。如果你撒下的是仇恨和野蛮的种子,你怎么可能收获到善良和幸福呢?另一方面,如果我们在心中撒下同情、宽宏大量、上进和勇气的种子,我们就会收获和谐、美丽和快乐。如果我们在心中撒下富足的种子,我们就会收获繁荣;我们种下吝啬和失败的种子,我们就什么也收获不了。

羊皮卷

每当我们看到一张令人厌恶的脸时，我们知道那是自私、恶毒的种子产生的结果。而当我们看到一张平静、自信的脸时，我们知道那是和谐、慷慨的种子产生的结果。很多人觉得我们挤在一个碰运气的世界里，悲惨的命运伴随着我们。但事实上，我们现在生活的世界是一个绝对遵循严格制度和秩序的世界，任何事情的发生都绝非偶然。每一件事情的发生都有充足的理由。即使是生活中的微小细节，都会遵循自身的规律，就像宇宙中的天体沿着非常精确的轨道运行，即使过几百万年也不会改变运行轨迹。

当我们看到不和谐，我们知道那是不和谐的种子产生的结果，没有别的可能性。任何形式的不和谐，不管是表现为痛苦、疾病，还是贫穷、失败，都表明一个人已经失去了和谐的状态，他与自己的上帝是不和谐的。

如果一个人经常抱怨自己的命运，把自己的不幸归咎于他人，这样的人不是一个完整的人。他勉强只是一个上帝希望他成为的人的代用品。我们要随时随地抵制思想的敌人，拒绝情绪大敌，就像保护我们的家不遭受盗窃一样。我们应该排除错误的思想，或者用相反的思想来调剂自己。因为错误的思想可能使我们承受痛苦、折磨和羞辱，还会产生可怕的后果。我们的身体会受思想的影响，如果一个人的思想是病态的，那么他的身体也一定是病态的。当我们的身体建造者——思想不正常的时候，我们的身体功能就不能正常发挥作用。

身体的不协调很多时候意味着心理的不和谐。因为如果心理一直保持完美的和谐，身体也会很调和。所以，如果你能保持心理和谐，身体也会相应调和，身体实际上是心理状态的外在表现。

有时候我们应该知道只有好的东西才是真实的，和谐才是真实的，不和谐只是一种例外。

远古时代的野蛮人就已经知道造物主给人类留下了很多能治病的树皮和植物。但是我们发现人类自身有能治百病的万能药，那就是存在于他们头脑中的爱、同情心和善良，这些思想能克服人类身上最严重的疾病，克服仇恨、嫉妒、愤怒和自私。

愉快、上进的思想本身就是一种能治很多病的良药,比如精神忧郁症和灰心丧气。

时常保持健康而有活力的思想对我们的生活是一种激励,会给我们很大的能量。要相信我们有强大的力量作为后盾,因为我们的思想富有创造性,会使我们的生活过得更加精彩。

所有的软弱、失败、灰心、贫穷的思想都是毁灭性的消极的,它们是我们的敌人。在这些思想准备进入你的头脑时,要毫不犹豫地拒绝它们。要像拒绝小偷一样拒绝它们,因为它们就是小偷,是偷走你舒适生活的小偷,是偷走你和谐、能量、幸福和成功的小偷。

一切真实、美丽、互助的思想一旦存在于我们的头脑中,就会提高我们的生活质量,实现生活中的理想。当这些鼓舞人心的思想存在时,那些堕落、可怕的思想就很难发挥作用了,因为它们是天生的敌人,不可能同时存在于一个人身上。

我们希望成为自己理想中的样子,而不希望成为自己讨厌的模样。而我们讨厌的东西会渐渐地在我们的生活中失去作用,最后慢慢消失。

如果一个人能拒绝这样的错误思想:我们是很贫穷的可怜虫,我们深受限制,我们很虚弱、很堕落;如果一个人认为真实和美丽是这个世界的主宰,那么他的性格一定很好。那些长期被拒绝的错误思想最终将从他们的生活中消失。

永远把握正确的思想,保持乐观的生活态度,这会使我们的生活充满强大的能量,使我们的性格趋于完美。这样我们就能够掌握世间的基本准则,了解生活的真谛,过一种真实的生活。生活在真实生活中的人会感到安全、有力量、平静和安详。而生活肤浅的人们是无法体会到这一点的。

要估计我们平时生活中思想习惯的价值几乎是不可能的。这种习惯有健康的,也有病态的,它们分别导致健康和堕落的生活方式。思想决定了一个人的理想。如果思想很堕落的话,理想也远大不到哪儿去。生活中的一切都应该呈现本来面目——健康、乐观、快乐,在生活中应该充满希望的阳光。一个充满乐观、有益的思想、不管到哪儿都能给别人带来阳光的人是高尚的人，他能减轻别人的负担，使别人的生活过得更舒适，给受伤的人带来安慰，给灰心丧气的人带来勇气。

　　在生活中，我们要带给别人快乐，而不是带给别人伤害，带来慷慨而不是吝啬。把你的快乐毫无保留地与人分享，不管是在家里、大街上、车上、商店里，还是在其他地方，就像玫瑰花，与人分享自己的美丽，散发出它的芳香。爱的思想能抚平伤痕，和谐、美丽，真实的思想能给人勇气，使人高贵；相反，那些落后的思想只能带给人们死亡和毁灭。如果我们认识到这一点，就掌握了生活的真谛。

　　有的人怀着对别人的憎恨和嫉妒心理，虽然很多年他都没有察觉这一点，但这种心理使他无法在生活中施展出自己最大的能量，使他失去了很多快乐。不仅如此，他使周围的人感到他的敌意，别人开始对他产生反感和对抗，这样他在工作和生活中无法与人相处。

　　人们会渐渐认识到：任何不和谐的思想，任何伤害他人或得到不属于自己东西的企图，都会使自己深受痛苦。人们会发现，世界原来如此井然有序，只有公正、平等、诚实、无私的思想才是受欢迎的。人们也会认识到：只有做到正确、真实才能给自己带来快乐、和平与财富。

06　梦想与理想

　　在强烈的信念背后蕴藏着巨大的力量，它将帮助我们最终实现自己的梦想和雄心壮志。

　　你真正的信条是你的雄心壮志，是你的神圣梦想，而不是你的祈祷。

　　当灵魂学会了期待，学会了渴望，它才能成为真正的灵魂。

　　心灵的期待以及灵魂的渴望并不仅仅是想象与梦想的夸大，而是一种预测，一种前兆，预示着某些事情可能在不久的将来成为现实。它们甚至能够衡量我们目标的高低以及能力的大小。我们所迫切期望并努力争取的东西将最终成为现实。我们的理想为我们展现了现实的轮廓,而现实的本质就隐藏在理想的背后。一位雕塑家清楚地了解,他的梦想不是想象本身,他真正的梦想是将自己的理想变为现实。当我们全身心地渴望得到一件东西时,我们首先会考虑我们的能力以及所能持续的时间,从而判断我们是否能够最终实现自己的愿望。但是问题在于我们总是生活在现实当中,而往往忽略了自己的理想世界。我们应当时刻铭记自己所要实现的理想,活在自己理想的精神境界中。生活在理想当中的好处在于,它可以消除自己生理、心理以及道德上不完美的地方。我们的眼中没有年迈,因为年迈是不完美的,它是不会存在于我们的理想世界中的。它激发了我们对完美的渴望以及追求完美的信念,因为我们总会本能地感受到理想世界中的某些东西就是我们现实生活中的一部分。

时刻铭记自己的理想,及时扼杀那些不自信的想法。千万不要在自己的缺点、不足或失败中徘徊。保持强烈的信念并不断付诸努力,这样会有助于你早日实现自己的理想。

在强烈的信念背后蕴藏着巨大的力量,它将帮助我们最终实现自己的梦想和雄心壮志。坚信所有的事情都不会向坏的方向发展,坚信一切都会好起来;坚信不会有失败,胜利将最终来临;坚信无论发生什么事,我们都将快乐。如果我们能够拥有这样的思想、胸怀和态度,那将是再好不过的了。

这种乐观的态度对我们是很有帮助的,它可以使你摆脱悲观与无助的烦恼,并赋予你追求完美与幸福的动力。

你相信一切美好的事情都会在你身上发生;你相信你的将来会充满美好与幸福;你相信你会拥有一个和谐的家庭,一幢漂亮的房子,这些美好的愿望都来自你乐观的态度,而这种乐观的态度将是你生活中最好的一种资本。

尽管有些事情可能不会发生,但我们仍会坚持我们的信念与理想,而且将不断地为之努力。我们一再表达自己的愿望,希望有朝一日能够得

羊皮卷

以实现,不管我们是想获得充沛的精力,还是想拥有高尚的情操,或是想得到一份体面的工作,即使它最终没能实现,只要我们能够想尽一切办法去努力争取,我们所得到的结果将比什么都不做要好得多。

许多人让自己的愿望与期待任随时间逝去。他们不知道强烈的、持续的愿望是有助于我们实现梦想的。为保持这些愿望所做出的一切努力将会提高梦想实现的可能性。

也许我们的理想看起来很不切实际,但不管实现它的可能性有多么小,不管它离现实有多么远,也不管它的前景是多么的黯淡,只要我们能够尽可能地去想象它,使它形象化,并做出不懈而又顽强的奋斗去争取它,这些理想将渐渐地在现实生活中树立起来,并最终成为现实。如果我们只是空谈理想而不做出任何努力,或者对我们的理想漠不关心,那么它将永远不可能成为现实。

只有将理想付诸行动才是有效的,我们的理想才能变为现实。伴随着强烈的决心,理想使我们更富创造力。理想与奋斗相结合,我们美丽的理想才能开花结果。

是否能够提高效率,这取决于我们的思想、情绪以及理想。如果我们能够相信自己是完美的,那么我们所有的缺陷与不足都会在这种强大的自信心的控制下,得到增进或者是改正。

我们时刻所想的以及所说的都应当是我们所希望实现的东西。人们总是在为自己寻找借口。他们经常说太累了,已经筋疲力尽了,或者说自己不在状态;抱怨自己有多么的不幸,说自己从来没有运气;埋怨命运对自己是多么的不公平;总是对别人说,自己想变得富有可是却一直很贫穷;表示自己已经在努力地工作、积极争取上进,可是结果却并不怎么样。事实上,他们并不知道,这样做是在为自己的将来绘制一幅暗淡的图画,这些想法是我们真正的敌人,威胁着我们的幸福甚至是我们的成功。这样的想法将会一步一步侵蚀我们的意识,占据我们的灵魂,渐渐地使我们相信,有朝一日这些可怕的事情将最终发生在自己的身上。永远不要想什么我们很虚弱、我们很没用,或是我们已经病入膏肓了这类的事情,除

第二章 思考的人

非我们故意想拥有这种体验,因为这样的想法将加重这些事情对我们的影响。我们本身是自己思想的产物。如果我们从思想上认定了某些东西,它们就有可能变为现实。如果我们每天都在想自己是天之骄子,我们来到这个世界是为了完成光荣的使命,相信自己会有机会施展才华,这样我们就会建立强烈的自信,自身的能力也会随之提高,在面临任何困难时,都会勇往直前。

每一个生命都在不断地追随着自己的理想,并因为这些理想而变得丰富多彩。理想在引导着人们不断地进行变化并创造了人的个性,如果你了解一个人的理想,自然而然地,你就会知道他的个性。

我们的理想是一个伟大的个性塑造师,它对我们生活的影响是十分巨大的。我们的想法或者说理想会自然地浮现在自己的脸上,并渐渐地成为现实生活中的一部分。我们是不可能把理想永远隐藏在自己心里的。

我们所期望的东西是最具创造力的前进动机。也许你想拥有一个美好的家庭,也许你希望我们的国家能够变得繁荣昌盛,也许你想成为一个有影响力的人,成为某种事物的象征,或是想成为一个在社会中举足轻重的人物,对你的生活来说,这些想法,这些期望都将是最强有力的,最具创造力的前进动机。

你的意识流应以你的生活目标为准则。人类文明中的所有奇迹都来源于我们的意识,我们的想法。我们应该拥有充满期待的灵魂,我们应当相信自己生命体中的每一个元素都在不断地向更高更好的方向发展,并坚信通过明智的选择,通过富有创造力的思维,以及为达到目标而做出的不懈努力,更加伟大和美好的事物必将出现在我们的面前。

许多人认为纵容我们的梦想与想象是危险的,他们害怕这样做会使他们变得不切实际,但是它们并不像我们所经历的其他可怕的事情那样令人感到畏惧。我们的梦想为我们指引了方向,引导我们追求崇高与美好,并最终使它们成为现实。我们的梦想也同时赋予我们力量,勇于面对外界对我们不利的环境。

羊皮卷

　　我们的梦想为我们构造了一个宏伟的目标，而且它就在不远的将来等待着我们。对我们来说，梦想就是一种迹象，一种前兆，预示着梦想中的事情可能就要发生。

　　幻想建立空中楼阁不再像我们以前所想的那样没有价值。我们努力将梦想变为现实，但在采取具体行动之前，我们首先要在自己的意识里建立一个框架，一个有关梦想的框架，而这个框架应当具体详细，涵盖我们梦想所得到的事物中的每一个细节。

　　然而建造城堡的具体过程不属于梦想的范畴。任何真正的城堡、庭院或其他任何建筑在建成之前都是虚无缥缈的，都是无形的，就像我们所说的空中楼阁。可是合理的梦想却能赋予我们灵感，为我们构筑一座宏伟城堡的模型。然后我们就会为这个无形的城堡而努力，努力在现实中建造它，最终这座城堡便真正屹立在我们的面前。任何建筑在没有建筑师的情况下都无法建成，它必须首先在精神中或者说在脑海中建立起来。一名建筑师就可以从自己的计划中看见这座无形的但却宏伟完美的建筑。

　　我们的理想决定了我们的人生结构，它就像一份计划，安排了我们的生活，但是如果我们没有付出艰苦的奋斗与努力去实现它，那么这个美丽的计划就成为一纸空谈。就拿建筑师的例子来说吧，如果没有建筑工人按照建筑师的计划去建造，那么再宏伟的建筑也只能被记在建筑师的心

里，被画在一张图纸里。

所有创造奇迹的人都是梦想家，他们伟大的梦想都很好地结合了自己的能力，并经过艰苦卓绝的努力来实现自己的梦想。

千万不要轻易放弃自己的理想，因为它们还没有实现，还没有真正来到你的身边。我们一定要坚持到底，不要轻言放弃，别让生活中那些琐碎的事情磨灭自己的理想。多读一些能够激发自己雄心壮志的书籍，接近那些与你有相同理想的人，从他们身上学习成功的经验，这些都对我们实现自己的理想有所帮助。

这种将理想形象化的方式能够将我们的理想与现实有机地联系在一起，并有助于我们理想的实现。

每晚在就寝之前花上一点时间去思考，静静地坐下并考虑你对理想实现进程的满意程度。不要被自己的想法或梦想赋予我们的力量吓坏了，因为"没有理想，人类便将灭亡"。你所梦想的内容不是用来嘲笑你的。梦想的背后存在着现实。我们的梦想是神赐予我们的礼物，它让我们的思想充满了神圣与美好，将使我们从平凡走向高尚，帮助我们排除障碍，摆脱恶劣环境的影响，并为我们展示了可能成为现实的所有伟大的东西。这些对天堂的想象可以使我们勇敢地面对失败与绝望并最终战胜它们。

但是那些荒唐的短暂的所谓的梦想不会为我们带来任何好处，而那些切实的、合理的理想以及灵魂中神圣的向往却能够对我们施以很大的帮助，它可以使我们获得更加崇高的生活；不管环境多么的不和谐、不友好，这样的理想都将帮助我们改变那些不利的环境，把我们带到所期望的理想环境中去。

詹姆斯·艾伦告诉我们："你心中怀有的梦想，你一直珍藏于心的理想——这是你生活的基础，是你的未来。"

第三章

向你挑战

01　你能做到比现在更好

对自己的挑战就是对世界的挑战。

如果你不能先学会服从,那么,你就不可能去指挥;如果没有经过培训,那么,你就不可能动员与指导他人。帮厨士兵的思想只能待在厨房里,一个士兵之所以能够成为将军,是因为他的思维方式,取胜的想法是在前线打仗前就已经产生了。思想是恒定的,当人们自我挑战把获得伟大的成就作为奋斗的目标,并对其进行思考和行动时,对于思想来说,这意味着什么呢?这个问题可以由你自己来回答:我就是思维,我就是思想。

各种无用的、平庸的思想会经常与你的行动相违。敢于自我挑战的人不应找出不去思考的理由,就像你不应为自己找不去锻炼的理由一样。高额的奖赏是为那些勤于思考、敢于思考,并且能进行创造性思考的人所准备的。在人类的思想中,似乎有很多都是不可能做到的。但这又有什么呢?我们能接受这些不可能,然而对那些可能之物我们绝不可放弃!一直以来,思想都是一部带动人类文明向前发展的发动机。

在铺设铁路以前,史蒂芬森很早就产生了发明火车的念头,但他的思想经过了许多年才被接受。而在今天,各种看似不可能的想法会很快获得一名听众。现代社会是伟大的,因为它使世界变得很开阔宽广,任何事物都有可能存在、发展。至于工业,它则依赖于思想家与劳动者们创造性的思考发展前进。

许多年前,一位奥伯林大学的教授向自己班上的同学预言道:"在未来的某一天,会有一种称为铝的新金属被大量生产,而它能有上千种用途。"他又说:"现在,铝还没有获得解放,一笔财富在等待着那个能提炼出它的人。"这番话被一个名叫查尔斯·霍尔的年轻人深深地记在了心

第三章 向你挑战

> 在未来的某一天，会有一种称为铝的新金属被大量生产，而它能有上千种用途。

里。当时，他还不足 20 岁，是一位西印度传教士的儿子。他用那位教授为他准备的小炼炉开始了工作，并最终提炼出了一滴纯铝，然后他又大胆地去研究符合商业用途的大量的铝，结果他做到了。当他去世的时候，他把自己大笔财富中的三分之一捐献给了奥柏林大学，三分之一赠给了外国传教使团，其余三分之一留给了贝利学院和美国传教士联谊会。奥柏林大学仅仅为查尔斯·霍尔提供了一种想法和一项挑战，而他用一份丰盛的果实回报了这所母校。当查尔斯·霍尔勇于自我挑战，经过正确的奋斗而获得成功时，整个世界也因此受益。

在这个世界上，大多数的领域也许已经被发现了，但还总有一些领域位于前方，是人们所想不到的，它等候精神上的哥伦布、思想上的皮瑞、有计划的伯德们前去探索。身体上的历险带给我们的刺激与兴奋远远没有思维历险带给我们的一半多，人类的幸福只能建立在思想之上。当然，健康的身体与创造性的正确思考是互相补充、互为条件的，而当我们全面掌握了它们时，成功与幸福就在不远的前方了。令人遗憾的是，有这样一种人（不论年龄的大小），他们不能跳出现有的世界去静观一本书或反省自身，更谈不上去忘我地奋斗了！毫无疑问，这类人是没有前途的，他们注定体验不到获得成功的快感与幸福。而令人感到严重的是，有这么多的

羊皮卷

人在学校毕业或结束一般的工作后，依然不会去进行认真的探寻，以致最终与成功无缘。

卡勒斯·凯特林是通用汽车研究公司的总裁，并且是美国最具有敏锐创造性的人之一。在他搬到城市并出名后，据说他的母亲仍然住在村庄的老屋里，每天点着煤油灯过日子。为什么她不能拥有一盏像城市寓所中那样的明亮灯具呢？凯特林一定要去弄清楚。他这样做了，结果远程传输系统产生了，它照亮了乡村的农舍。此是一事，在解决一个问题之后，就会产生更多让人不便的问题。

凯特林先生对从车上跳下来发动汽车感到厌烦。为什么不能通过仪表盘上的某个开关来发动汽车呢？他产生了这个创造性的思想，在经过了一段时间的研制与试验后，自动打火装置便发明了。后来，他又发现给一辆汽车喷漆需要三十一天的时间，因为每层漆都需要相当长的一段时间来风干。喷漆工人聚在一起经过商议后认为，完成全部的喷漆最多可以节约两天的时间。但凯特林则说他想在一小时内做完这项工作。他简直疯了，但令人惊奇万分的是，他竟然真的发现了一种方法。有一种用于玩具的瓷漆，它的风干速度相当快，但它不能用在汽车上。为什么呢？因为它风干的速度快得要命，当用它往汽车上喷时，这种漆在到达汽车表层以前就已经干了。他继续寻找别的涂料，直到最后"杜科"生产出来，为一部汽车喷漆仅仅只需一个小时。

在一次会议期间，凯特林先生把一批汽车生产商带到他的会议室。他让他们把自己对今后四年所希望发展的前景写下来，并把所写的文件留在办公桌上，然后带他们参观了他的研究室，并向他们展示了各项研究的进展情况。一回到办公室，其中有一个人就抓起他原先写的文件撕得粉碎。"嘿，你这是干什么？"凯特林先生问道。"现在我才知道，我们所希望看到的前景，和你相比只是那少得可怜的百分之五的进步。原来我们不知道该怎样取得足够的进展，而你则领先我们许多许多年。"他如此回答，表示了自己的钦佩，并知道了自己的不足。凯特林先生笑了。

在圣路易斯，有一位杰出的脑科手术医生，他是华盛顿大学脑科手术

第三章 向你挑战

诊所的主任。他的医术可谓是一个奇迹，有的病人甚至从几千千米外赶来向他求医。"幸福的家伙，"年轻的医科学生常这么说，"此人天生就有这样好的技术。"但是请等一等，让我们一起来看看欧内斯特·萨克斯医生的历史。

许多年前，那时的他还在纽约的一家医院当实习医生，医院的一位领导经常悲叹于这样一个事实，即绝大多数脑瘤都是致命的，患上它的病人无一幸免。可是这位领导预言说，在未来某天，一定会有一位杰出的医生，勇敢地去探索并挽救这些珍贵的生命。年轻的欧内斯特·萨克斯来挑战了！后来，他就成为那名治愈脑瘤的杰出医生。他敢于面对一项几乎毫无希望的任务。须知在当时的美国，并没有多少成功的脑科手术的先例。这个年轻的冒险者所能追寻向前的唯一可能的路标是一位英国医学专家——维克托·霍斯利大夫，因为与同时代活着的所有人相比，他更了解大脑的解剖学，他也是英国脑科手术的先驱。萨克斯医生获得了允许，可以在这位英国科学家手下从事研究。但在他去英国开始研究以前，他做了一件有趣的事。

为了巩固自己应该拥有的知识和技术，他去了德国，在某学院进修了6个月。当时，并没有多少年轻学生主动愿意这样去做。显然，那位英国科学家对这个诚挚勤奋的年轻美国人敢于攀登前沿科技的高峰并能花6个月时间预先准备十分感动，于是，他把他带回自己家中。他们在一起工作的时候长达两年，他们在几十只猴子身上做了长期而复杂的实验。最后，他们成功了。就这样，克服脑瘤的技术与药物发现了。这次经历为萨克斯医生未来事业的发展铺平了道路。

返回美国后，他寻找机会想要去治疗脑瘤患者，但得到的却是人们的嘲笑与讥讽。许多年来他一直与挫折和困难作斗争，在工作中他虽然没有设备，但却从未失去那种一定要把事情做成做好的不可征服的冲动。当然，后来，情况好转了，大多数脑瘤已经被他成功治愈。并且，萨克斯医生还培训年轻医生，并把他们分派到这个国家的不同地区，以便每个地区都配有一个接近居民家园的脑科医生。通过此种方式，他把自己的才能与他人分享。他所写的《诊断和治疗脑瘤》一书,已被认为这个尖端领域内的最具权威性的著作。

或许,像以上的做法比较难做到,但是,我们必须时刻牢记廉·丹佛的名言:"对自己的挑战就是对世界的挑战。"

02 去冒险

从本质上说,生命运动就是一次探险,如果不敢主动地迎接风险的挑战,便是被动地等待风险的降临。

世界上大多数人不敢冒险,他们熙来攘往地拥挤在平安的大路上,享受平静的生活。这路虽然平坦安宁,但距离人生的风景线却迂回遥远,他们永远也领略不到壮丽的景致和奇异的风情。他们平平淡淡、安于现状地过了一辈子,直到走到生命的尽头也没有品尝到真正成功所带来的震撼和幸福。他们只能在拥挤的人群里争食,闹得薄情寡义也仅仅是为了吃饱穿暖,养活孩子。实际上,这样并不安全,因为仍然要承受挨饿与被人鄙夷的风险。

所以,从本质上说,生命运动就是一次探险,如果不敢主动地迎接风险的挑战,便是被动地等待风险的降临。

只有带着沉重的风险意识,勇于怀疑和打破陈旧的秩序,通过冒险而取得胜利后,才能享受到人生最大的喜悦。现代人应该强烈地追求这种境界,而不是安于过一种平平庸庸、千篇一律的生活。

有这样一则寓言:

一天,一个小男孩在山上玩耍时,在一个鹰巢里,他发现了一只鹰蛋。小男孩一时兴起,将这只鹰蛋带回家里,把它和鸡蛋放在一起让母鸡孵化。后来母鸡孵化成功。于是一群小鸡里出现了一只小鹰。小鹰与小鸡们一同吃谷粒,一同玩耍,根本不知道自己不同于小鸡。

第三章 向你挑战

　　渐渐地，小鹰长大了，发现小鸡们总是用异样的眼神看着自己。它想："我肯定不是一只平常的小鸡，一定有不同于其他小鸡的地方。"可是它却无法证明自己的怀疑，为此十分烦恼。直到有一天，一只老鹰从养鸡场的上空飞过，小鹰看见老鹰自由地在天空中翱翔，顿时感觉自己的两翼涌动着一股奇妙的力量，心里也激烈地震荡起来。它仰望着高空中振翅飞翔的老鹰，心中羡慕极了。它想："如果我能像它那样该多好啊，那样，我就可以脱离这个偏僻狭小的地方，飞上天空，自由地翱翔，俯瞰大地和人间。可是，怎样才能像老鹰那样呢？我从来没有张开过翅膀，也没有飞行的经验。如果从半空中坠下来，岂不粉身碎骨吗？"

　　犹豫、徘徊、冲动萦绕脑海，经过一阵紧张激烈的自我内心斗争后，最终小鹰决定，即使粉身碎骨，也要展翅高飞。

　　小鹰终于起飞了，飞到了空中。它带着极度的兴奋，再用力往高空飞翔，飞翔……

　　小鹰成功了。这时，它才发现：世界原来是这么广阔，这么美妙！

　　小鹰成功的历程，几乎展示了每一个冒险家成功的历程。事业的改变、生意的成功，常常属于那些敢于抓住时机，适度冒险的人。有些人很聪明，对不测因素和风险看得太清楚了，不敢冒一点险，结果聪明反被聪明误，永远只能"糊口"而已。实际上，如果能从风险的转化和准备上进行谋划，则风险并不可怕。

57

羊皮卷

新的理想的生存方式就蕴藏在现时的平常的生存方式之中,只有具备探险的勇气才能发现它。原本,在你的身上具备着打破旧的生活格局、迎来新的生活格局的巨大潜能,然而,现实的、平庸的作为掩盖了它。只有勇敢地面对现实、敢于拼搏、勇于进取,你的潜能才能发挥出来。完全地展示了自己的才能、实现了自己追求的人,才能领略到人生领略到的最大的喜悦和欢愉。所有懦弱的人,是不可能领略到的。

冒险免不了有失败,正所谓"失败是成功之母"。成功是建立在失败之上的,正常的规律是,无数次的失败换来一次成功,无数人的失败换来一人成功。可见,成功的那一次、成功的那个人是相当幸运的,而成功之前的无数次、无数人的失败也同样是伟大的。那种失败同样具有不可磨灭的价值,其价值体现在后来的成功之中。

成功意味着打破平庸,而走向成功的一条捷径便是——敢于冒险。

吉姆·伯克晋升为约翰森公司新产品部主任后的第一件事,就是要开发研制一种适用于儿童的胸部按摩器。结果,研制失败了,伯克心想这下可要被老板炒鱿鱼了。

公司的总裁召见了伯克,事情的发展出乎伯克的意料。"你就是那位让我的公司赔了大钱的人吗?"总裁罗伯特·伍德·约翰森问道,"好,我要向你表示祝贺。你能犯错误,说明你积极上进,勇于冒险。反之,如果你缺乏这种精神,那么,我们的公司就不会有大的发展了。"数年之后,伯克本人成了约翰森公司的总经理,他仍牢记着前总裁的这句话。

勇于冒险求胜,让自己的思想更成熟,让动作更果断,让自己成为一个伟大的人。如果你这样去做了,我承诺你的生活会更充实富裕,会更激动人心,将向你展示一个充满机遇的世界。而在这个世界里,挑战所获得的回报是如此的丰厚,如此令人感到欣喜。

惧怕失败,不冒风险,安于现状,平平稳稳地过一辈子,虽然可靠,虽然平静,虽然可以保住一个"比上不足比下有余"的人生,但是,那会是一个悲哀而无聊的人生,一个懦弱的人生。其最为痛惜之处在于,你自己亲手葬送了自己的潜能。本来,你可以摘取成功的果实,分享成功的喜悦,可是你却亲手把它放弃了。人的一生是有限的,与其过得平平庸庸、清清淡淡,不如活得轰轰烈烈、充满激情;与其造成一生的悔恨和遗憾,不如勇敢地去闯荡和探索。

因此,我们应该时刻牢记威廉·丹佛的名言:"向自己挑战!向自己挑战!"

03 创造性思考

如果你脑中的一个闪念被忽略,也许你就与成功失之交臂了。

现在,让我们来澄清一下"创造性思考"的意义。许多人都把"创造性的思考"想成像"电"或"小儿麻痹疫苗"的发现,或小说创作。当然,这些都是创造性思考的结果。但是,创造性的思考并不是从事某些特殊行业的人所专有的,也不是有超人智慧的人才有的。

那么,到底什么才算是创造性的思考呢?

一个收入较低的家庭制订一项合理的计划,使孩子可以进入一流的大学。这就是创造性的思考。

一个家庭想方设法将附近的街道变成邻近最美的地区。这也是创造性的思考。

一位牧师实施了一种可以使集会人数加倍的计划,这也是创造性的思考。

想方设法简化资料的保存,或向"没有希望"的顾客推销,或让孩子做有建设性的活动,或使员工真心喜爱他们的工作,或阻止一个口角的发生,这些都是很实际的、每天都会发生的创造性思考的实例。

凭着创造性的思考,埃玛·盖茨博士才能够把这个世界变成更理想的生活环境。盖茨博士是美国著名的教育家、哲学家、心理学家、科学家和发明家,他的一生,在科学和艺术上都做了很多的贡献和发明。

羊皮卷

盖茨博士的个人生活证实，不断进行体力和脑力的锻炼，可以培养健康的身体，并促进心智的完善。

有一次，一位记者带着介绍信前往盖茨博士的实验室去见他。当记者到达时，盖茨博士的秘书告诉他说："真对不起，这时候你不能打扰盖茨博士。"

"那我要等多久才能见到他呢？"记者问。

"我也不知道，也许3个小时吧。"秘书回答。

"那请问，为什么现在不能打搅他呢？"

秘书迟疑了一下然后说："他正在静坐冥想。"

记者又问："那是什么意思啊——静坐冥想？"

秘书笑了一下说："您还是等盖茨博士自己来解释吧。我也不清楚还得等多久，如果你愿意等，我们很欢迎；但如果你不能等，我可以给你留个口信，帮你另外约一个时间。"

记者决定要等。当盖茨博士终于走进房间里时，他的秘书把记者介绍给他，记者开玩笑地把刚才和他秘书说的话告诉了盖茨博士。盖茨博士看过介绍信后，高兴地说："你想看看我静坐冥想的地方，并了解我是怎么做的吗？"

于是，盖茨博士领记者进入一间隔音的屋子里，房间里布置得很简单，只有一张桌子和一把椅子，桌子上放着几本白纸簿，几支铅笔以及一个台灯。

在他们谈话中,盖茨博士说当他遇到困难,却想不出解决的办法时,就会走进这个房间来,关上房门坐在桌前,熄灭灯光,全神贯注地进入沉思的状态。他就这样运用"集中注意力"的方法,要求自己潜意识给他一个解答,不论什么样的解决方案都可以。有时候,灵感似乎迟迟不来;有时候,灵感又突然而至,茅塞顿开;还有的时候,至少得花上两小时那么长的时间才能想出来。等到思路逐渐清晰起来时,他就立即开灯把它记下。

埃玛·盖茨博士曾经把别的发明家研究过却没有成果的发明重新研究,使它尽善尽美,从而获得了200多项专利。

但是在过去,创造性思考总是被认为只有那些从事科学、技术、艺术等专业工作的人才具有。的确,科学、艺术等工作离不开创造性的思考,但是创造性思考并不限于某种特定工作范围,而且也不只是从事某种特定工作的人才具有。

下面的几个小故事都是关于创造性思考的,而它们的主人公都是普通人。他们的发明,现在已成为人类生活的一部分并为他们自己带来了巨大的收益。看过这些故事后请想一想,是否你还是认为自己毫无创意能力呢?

克兰是专售巧克力的商人。他每到夏季便苦闷异常,因为巧克力随着气温的升高会变软甚至融化,销售量也急剧下降。他苦思冥想,终于制成一种专供夏季消暑用的硬糖,造型上则一改块状、片状型,而压制成小小的薄环。1912年,他正式批量生产这种名为"救生圈"的具有薄荷味的硬糖,一经销售,颇受欢迎,至今畅销不衰。

戈德曼是目前广泛应用于超级市场的手推车的发明者。1937年,当他在俄克拉荷马城超级市场购物时,观察到顾客个个挎着、背着装满物品的筐和口袋,排着队等待结账。他灵机一动,于是尝试着制作了一辆四轮的小型手推车,结果深受消费者和超级市场老板的欢迎,并获得了重大发明专利。

1973年,15岁的格林伍德收到了别人送给他的圣诞节礼物———一双溜冰鞋。他兴奋异常，马上跑到屋外结冰的小河去溜冰，结果不到几分钟便跑了回来，因为外面太冷，耳朵受不了，戴上皮帽子，一玩起来又满头大汗。那该怎么办呢？最终，他琢磨出一个办法，请妈妈照他的意思缝了一副棉耳罩，两只耳朵各套一个，既方便又实用。不久，很多人都来找格林伍德要。小格林伍德和妈妈一商量，索性把祖母请来，一起做耳罩公开出售。后来，格林伍德为耳罩取了个名字，叫"绿林好汉式耳套"，并申请了专利。他成为世界耳套生产厂家的总首领，并成了千万富翁。

哈姆威原是一名出生在大马士革的糕点小贩。1904 年，在美国路易斯安那州举行的世界博览会期间，他被允许在会场的附近出售甜脆薄饼。他的旁边是一位卖冰淇淋的小贩，夏日炎炎，冰淇淋卖得很快，没一会儿盛冰淇淋的小碟便不够用了。忙乱之际，哈姆威把自己的热煎薄饼卷成锥形，交给旁边的小贩来当做小碟用。结果，冷的冰淇淋和热的煎饼巧妙结合在一起，受到了出人意料的欢迎，并被誉为"世界博览会的真正明星"，获得了前所未有的成功。哈姆威一举成名，并发明了今天的蛋卷冰淇淋。

在当今世界上许多畅销的品牌都只因一个小小的创意而产生，所以，如果你脑中的一个闪念被忽略，也许你就与成功失之交臂了。仔细琢磨一下这些例子，你不应该再怀疑自己了。

04　培养性格

　　准备好了就立即付诸实施吧，否则你的所有思想将变得一文不值。

　　在放弃者、半途而废者和攀登者这三种人中，只有攀登者的生活是最全面的。半途而废者还处于生活的基层，仅仅达到了基本的物质生活，离全面的生活还很遥远。但是，攀登者就不一样了，与放弃者、半途而废者相比，他们对自己要做的事情具有很深刻的目标意识，并且具有很强的热情。目标和激情无时无刻不引导着他们,他们知道怎样去体验快乐,并把攀登看做是生活对他们的奖赏和恩赐。攀登者知道山的顶峰难以捉摸,未必就有最好的风景,但它具有一种诱人的、神秘的力量,而不单纯是一个顶峰,并且整个攀登也充满了力量。攀登者忘不了那种力量,忘不了整个攀登过程的力量,这是一种超过他们到达目的地的力量。

攀登者明白许多不同的恩赐和收获,但他们更注重长时效的收益,而不是短期收益。他们知道,现在只要再向前跨一小步,再向上攀登哪怕一丁点儿距离,在日后都会给他们带来很大的收获。这与半途而废者是完全不同的。攀登者把满足放在了将来,而半途而废者只满足于现在;半途而废者不敢去面对未来的可能性,而攀登者向来都勇敢地去面对所有的挑战。

攀登者常常有一种强烈的信念,即相信某些事比他们自身要强大的多,而这些更具有力量的事物正是他们想去征服的。当他们面对那些具有巨大威慑力的山峰时,这种信念就会让他们充满巨大的力量,敢于面对最大的危险,并且,这也是他们所希望的事情。也正是因为这种信念,使攀登者敢于做别人不敢做的事,就像登山一样,有人已经确定了某些路线是不能走的,但攀登者却不相信这些,他们偏要沿着这些路线攀上山顶,可见,攀登者不仅敢于向可能性挑战,而且,他们敢于向不可能性挑战。战胜不可能,获得真正的胜利,这是攀登者最大的特性。

像威勒斯在珠穆朗玛峰上一样,攀登者们都是坚持不懈的、固执的,并且也具有极强的体力和恢复能力。他们在"往上爬"中不断排除障碍,找寻攀登的道路。如果他们到了一个毫无半分把握的地方或者走到一条死路上,他们的解决方法很简单,就是原路返回。当他们累了,不能再向前踏进一步时,他们仍然给自己施加很大的压力。攀登者的字典里从没有"放弃"这个词,他们是离放弃最远的人。他们具有成熟性,理解"偶尔的后退仅仅是为了更好地前进"这一哲理。他们有着超人的才智,当然明白失败是往上爬的极为自然的一部分。攀登者并不蛮干,他们那种勇敢的生活无不充满着真正的勇气和科学性。他们是生命的探索者,也是成

羊皮卷

功者。

当然,攀登者也是人。有些时候,他们也会感到厌倦或担心攀登失败。他们可能会怀疑,或者感到孤独、受到伤害。他们对自己的行为提出了疑问,甚至怀疑自己的挑战。有时候,你或许会看到他们与半途而废者混在一起。然而,他们之间不同的是,攀登者是在积蓄力量,等待重新恢复活力时,再开始新的攀登;而半途而废者则不是,他们不会再去攀登,而是希望自己就待在这儿。对攀登者来说,营地就只是一个营地,而对半途而废者来说,营地则是温暖的家。

与半途而废者和放弃者不同的是,攀登者善于迎接挑战,与他们的生活紧紧相连的是一种紧迫意识。他们自我鼓励,具有很强的精神动力,并且努力奋斗以获得生命的辉煌。可以说,攀登者是行为的催化剂,他们总是促使事情得以发生。

生活中的"攀登者"总是具有远见卓识,他们常常能够鼓舞人心。有时候,他们也能成为一个好的领导者。

美国诺特拉·丹蒙足球队的教练劳·荷尔兹有一段精彩的传奇,他是从来都不能容忍借口和不行动的。少年的时候,荷尔兹家里很穷,他还患有严重的结巴,因此非常害怕在公共场所讲话,甚至因此而不敢去上口语课。

有一天,他找到了给自己确定人生目标的力量(他学会了这种力量),他为自己确定了107个目标,其中包括有:与美国总统进餐、漂流沱河、会见波普、跳伞时尽量延长张伞的时间、成为诺特拉·丹蒙队的教练、获得年度冠军和锦标赛冠军,等等。迄今为止,荷尔兹已经完成了98项目标。他获得了声誉,创造了自己的能力,他可以自如地用语言表达他想要表达的一切,他不断去赢得胜利。荷尔兹不仅战胜了对自己不利的逆境,还战胜了许多我们认为根本不可能战胜的东西。

你能听到攀登者像荷尔兹那样说"立即做""做到最好""竭尽全力""不退缩""我们能产生什么""总有办法""问题不在于假设,而在于它究竟怎样""不做并不意味着不能做""让我们干""立即行动",这些都是攀登者热爱的语言。他们是真正的行动者,他们总是在不断行动,追求行动的结果,他们的语言则恰恰反映了他们追求的方向。

朋友们,也许你已经准备好了,具备了向自己挑战的性格,也许你已下定决心去迎接挑战,那么,准备好了就立即付诸实施吧,否则你的所有思想将变得一文不值。

要想有所成就,就必须释放自己的潜能,积极投身到你的理想中去,抱定不达目的誓不罢休的决心。向自己挑战,向世界挑战!

第四章

从失败到成功的销售经验

01　走出失败的想法

作为一名推销员,你必须时刻牢记,商业领域中,信用永远第一。

当一个推销员看到别的推销员推销成功时,应想到那个人肯定是经历了很多失败后才成功的。推销员应该知道,成功的道路并不是一帆风顺的,它是由无数的失败和拒绝组成的,只有看到失败和拒绝的积极方面,人们才不会气馁。

正所谓"失败是成功之母",无论失败是多么的惨重,都不要气馁,要进行反省,如果不能起到下不为例的效果,那么这失败的代价就算不上太高。

其实,除了他人认识、而自己不认识的自己会使你失败,自己与他人都不认识的自己,也是一个极大的潜在危机。因此,在你反省自己之际,也应该将其包含在内。曾经有这样一位推销员,他失败了很多次,但他每一次失败后都会自我反省,并把所反省后找出的失败原因画成一棵"失败之树",树枝的大小,就是主要失败原因及次要失败原因的分别。

第一根大树枝,代表职业观念,意思是缺乏职业观念是推销员失败的第一个原因。

第二根大树枝,代表伦理道德观念,意思是缺少伦理道德观念也是推销员失败的一大原因。

第三根大树枝,代表个性,即推销员个性上的缺点同样会导致失败。

第四根大树枝,代表身心态度,意为身心态度方面的缺陷也会导致推销失败。

第五根树枝是知识的代表,同样的,缺乏必要的推销知识是推销员失败的一大原因。

第六根树枝代表着技术,通常推销员失败的原因,就是因为技术较差所招致的。

第七根树枝则是人际关系,意为糟糕的人际关系必然导致推销失败。

推销员如果缺乏职业观念,就会产生相当严重的问题。他会经常考虑"我为什么会选择推销员这个职业",因此,从一开始就已注定要走上失败之路。

在推销的行业中,只有具备正确的职业理念的推销员才能成功,而缺乏职业观念是重大的致命伤。如果缺乏正确的职业观念,在开展工作时,必定没有自己的行事哲学,对自己的工作也是得过且过,"当一天和尚撞一天钟",更无法遵守公司的工作方针,也不懂得爱惜自己的商品,我行我素,缺乏爱公司的精神,毫不在乎前辈同事们的忠告,以致自己没有一个朋友,最终变得轻视自己,不尊重自己。这是个多么可怕的结果呀!

如果推销员缺乏伦理道德观念,同样会产生相当大的问题。虽然在当今社会,物质文明发展迅速,但人的内心却空洞无物,岂不令人惋惜?一旦陷入现代社会精神弊病中,就会过度地沉迷于功利主义,自私自利,拜金主义,甚至为达目的不择手段,而终日处于这种备战的状态,情绪必定会大受影响,以致陷入不安定的状况之中。

推销员若是自私自利,在扩展业绩时,为了提高销售业绩一味地笼络客户,也许一时之间你取得了成功,小有成就,但这短暂的名利绝对无法持续到永久,终究会有失败的一天。因此,作为一名推销员,你必须时刻牢记,商业领域中,信用永远第一。

由此看来,缺乏正义感、容易受诱惑、背后批评上司、过度重视金钱、心术不正、不守信用、携款而逃、泄露机密等不合常理、不道德的行为,都是导致推销失败的重要原因。

一个人的个性的形成既有先天的因素,也有后天的影响。试想一下,

羊皮卷

谁一生下来就是个十恶不赦的人呢？因此，个性的形成完全是个人的责任，必须由自己承担。

虽然说"江山易改，本性难移"，但是，通过自我修养却能克服脆弱的性格。虽然一些因素比如家庭经济情况、家庭教育、学校教育等是我们无法选择的，但是脾气暴躁、情绪不稳定、忧郁、自闭、粗野的行为等，绝对不是一个推销员所应具有的个性。而且，这样的性格容易与客户发生争端。此外，注意力不佳、意志力薄弱、酒品不佳、个性孤僻、经常闷闷不乐、健忘、一本正经、缺乏幽默感等乖戾的个性，也会对成功推销产生巨大的阻碍。

知识方面不够充分，也是推销失败的原因之一。作为一名推销员，必须具备足够的商品知识、推销技术方面的知识以及关于客户方面的认识。

从严格意义上来说，推销不仅是一种技术，更是一门科学、技巧。如果没有这种认识，便会认为只要将商品卖出去就行，不需要参加推销讲习会，更不会去在意上司或同事的劝告。这样一来，由于对商品的热诚不够，自然就会影响对商品的有关认知，不禁令人质疑当初选择推销员作为职业的动机。

如果你推销的商品是房屋，那么，你就必须抱有成为一流建筑师的心态；如果你推销的商品是汽车，那么，你就应该成为一流的汽车保养修理员；如果你推销的商品是服装，那么，你就必须对最近时装流行式样了如指掌。

总之，作为一名推销员，对于有关销售商品的知识，都应该积极地去涉猎。

在现代生活中，客户对各项商品都有着丰富的知识，当客户面对一个严重缺乏商品知识的推销员时，三言两语就可将他打发掉，由此看来，商品知识对推销能否成功起着至关重要的作用。

所谓态度，包括精神上的态度和外在的肢体所表现的态度。

事实上，精神上的态度足以影响肢体的表现。一个人如果精神愉快，

外在的表现一定是明快开朗。反之,若是精神受到压迫,就会给人一种阴郁的感觉,懒散被动、蛮不讲理,因此也就备受指责。

不要认为话说得多,就表示懂得多,也就能推销成功,事实上,这是一个相当大的错误。

当你进行推销活动时,如果对方询问你的问题,你本来可以几句话就回答完整,而你却花费了十五分钟解释,如此一来,对方必定不会再轻易开口询问。这种情形如果发生在一位相当忙碌的企业家面前,他必定会毫不客气地说道:"你只要告诉我要点就可以了,我很忙,没时间听你说一堆细节。"所以多说不见得有用,而只要遵守一、二、三的说话方式即可,也就是说一分钟,听对方二分钟,再附和三分钟。

技术上的缺陷,也就是缺乏成熟的商谈技巧,正因为这个因素,一些推销员就会经常从推销战场上败阵下来。而造成这种缺陷的原因,大多数是由于缺乏必要的商品知识以及未曾对客户的心理进行深入的研究。

例如缺乏说服力、电话应对不当、应变能力不够、不尊重对方的名片、商谈时发生重大的差错、推销技术不够熟练、不是个好听众,等等,都可以说是技术上的缺陷。

推销员必须"乐于与他人一起工作",也应该是个"贩卖幸福的人",如从这个角度来看,推销员就具备了拥有良好的人际关系的前提条件。如果嫉妒心过强、夫妻不和、时刻挂念家中的某件事,都会给推销员的工作带来严重的消极影响。

02 销售成功的准则

在一个成功销售员的脚下是一条崎岖的路,在这条路上,处处可见成功者努力和汗水的痕迹。

在一个成功销售员的脚下是一条崎岖的路,在这条路上,处处可见成功者努力和汗水的痕迹。从成功者身上,人们会发现一些共同的销售准则,它指引着一代又一代的销售者们。

1. 对产品的知识。产品知识的多少决定着销售的成功或失败,销售大师都会全面了解并仔细分析销售的产品或服务。

2. 相信产品或服务。推销员无法卖出他自己不了解或不相信的东西。销售大师绝不会尝试推销自己都没有信心的东西,因为他不会把对产品缺乏信心传递给目标客户,不论他的解说多么精彩。

3. 合适的对象。销售大师会认真分析目标客户的需要,对其提供合适的产品,他们绝不会向只开二手车的人推销劳斯莱斯,即使知道对方买得起昂贵的汽车。

4. 合理的价格。销售大师不会向目标客户敲竹杠,他们会提出一个合理的价格,因为杀鸡取卵不如细水长流。

5. 了解目标客户。销售大师擅长分析人物的个性,能够看出客户的基本动机,然后根据这些动机作出解说,促使对方回应。如果目标客户暂时没有特别的购买动机,他会创造促成销售的动机。

6. 将目标客户加以分类。销售大师会根据下列各项，然后对目标客户进行适当的分类。

(1)目标客户的经济实力。(2)客户对产品或服务的需求程度。

(3)购买的意愿。

只要将客户进行了适当的分类，推销起来才能更得心应手，成功的几率才会更大一些。

7. 消除目标客户的抗拒心理。客户诚心接受，交易才能成功。销售大师会先打开目标客户的心，引发客户对产品或服务的欲望，然后才会设法结束交易。

8. 成交。销售大师能够在最适当的时机结束解说，促成交易，让目标客户认为是自己主动购买。

9. 表现自己。销售大师同时也是超级演员，能够深入目标客户的内心。诚实的解说，丰富的表情，可以激发对方高度的兴趣与想象力。

10. 自我控制。销售大师控制自己的头脑和内心，他知道如果无法掌握自己，就难以掌握目标客户。

11. 发自内心。不论你从事何种职业，每天你都有机会在正常的工作之外，为别人提供某种服务和便利，而不期待任何金钱的回报。

仅为金钱工作的人，除了钱将一无所获，不论有多少薪水，永远得不偿失。金钱是必不可少的，但是，人生不能只用金钱来衡量，再多的钱也无法代替精神上的快乐和内心的平静。

销售大师了解发自内心的可贵，他不需要别人告诉他做什么或怎么做，运用想象力规划，付诸行动，不需要别人监督。

12. 容忍。销售大师拥有宽容的心，包容所有的事物，他知道那是成长的必要条件。

13. 确实的思考。销售大师用心思考，根据搜集的资讯作为思考的根据，不作无谓的臆测，不随意对不明确的事情发表任何意见。

14. 耐心。销售大师不怕被客户拒绝，对他而言，所有的事情都可以做得到。他认为"不"只是解说的开始,因为所有的客户都有抗拒心理。也正因为他了解这一点,也就不会受到负面的影响。

在推销员解说之前,客户看到的是他的态度。如果推销员犹疑不决,推销就不可能成功。这就是意志的作用。销售大师不会放任目标客户,从一开始,他就采取主控的态度,一直到结束。对于客户的意见,他有充裕的理由加以解说,在他出发之前,一切都胸有成竹。

15. 信心。销售大师对以下有绝对的信心:

(1)自己。(2)他所推销的东西。(3)目标客户。(4)完成交易。

他不会推销没有信心的商品,更不会尝试没有信心的交易。信心会散播,传达到目标客户的"接收频道",严重影响他购买的决定,信心可以移山,也可以促成交易。

16. 观察的习惯。销售大师擅长观察目标客户所说的每一句话,脸部表情的每一次变动,行为上的一举一动,都被观察及评估分量。

17. 习惯提供超出对方预期的服务。销售大师总是提供质与量都超出目标客户预期的服务,而获利的利益自然地也就随着回报法则而增加。

18. 在失败与错误中获益。销售大师总会认真分析自己的每一次失败和别人的错误与失败,找出成功的契机。

19. 结合别人的力量,使自己成功的力量加倍。两个人以上同心协力,互相帮助,为一个明确的目标努力。

20. 明确的目标。销售大师总是有一个目标业绩。除此之外,更有明确的完成期限。

21. 热诚。销售大师充满热诚,激发目标客户的购买欲望,积极影响他的购买决定。

热诚是无形的,却显而易见。每个人都喜欢热诚的人,他们活力充沛,态度积极,展现出亲和力与信心。热诚发自一个人对自己及工作目标的信心,就像珠宝店里的钻石一样,散发出耀眼的光芒。

22. 良好的记忆力。准确、过目不忘的记忆可以通过训练而获得。

23. 谦卑。有些人认为谦卑是消极的美德，其实不然。谦卑是一种力量，所有伟大的力量，比如心灵的、文化的、科技的，都缘于此。

谦卑是实现个人成功所必不可缺的要件，不论你的目标是什么，在你到达成功的顶峰之前，它都尤为重要。

24. 相信成功。成功属于有必胜信心的人。他们深信一项事实：只要意志坚定，没有办不成的事情。

如果你有尚未达成的愿望，那么，每天至少重复一次这句话，你距离实现自己的愿望就不远了。

25. 决心。犹疑不决，交易就不会成功。每个推销员都经常会听到客户的拖延策略："我再考虑考虑。"你必须帮客户作决定。

03　赢得他人信任的方式

一个人只有学会了付出,生意才会自动送上门来。

有一次,一位寿险销售经理带着一名新进的业务员一起拜访一位老是谈不成生意的准保户,他是餐厅老板。他们坐在餐厅里谈话,而他得时不时地起身察看员工、跟客户打招呼或帮忙处理事情。别说谈生意,他连集中注意力仔细听他们说几句话都很困难。想建议等打烊后再碰面时,餐厅老板的太太出来了,并接管了店务,老板放松下来,他们也跟着松了口气。

这位顾客的确很棘手,他一直都在说"不"。很显然,经理处于劣势。这是一种挑战,而且他必须向年轻业务员证明,再困难的推销都会有转机。所以这位经理竭尽所能地推销,而这位顾客也一直不停地说着不要。过了两个小时,销售经理的诚意终于打动了客户,他们成功地带走了一份签了名的投保书。

第二天一早,秘书告诉经理餐厅老板娘打电话来。他知道他逼得太过火,她一定是想解约。但出人意料的是,这位太太却说:"我一直等到我先生出门才能打电话来道谢,你不知道你帮了我和我儿子多大的忙。我先生一定没跟你们讲他有赌博的习惯,我们家因此一直没有什么积蓄。现在,我不用再担心孩子的教育费问题了,我一定会准时缴款的,真谢谢你。"听完后,这位经理非常惊讶,他没想到实情竟然是这样。

听了这些话,不只是新进人员学到了推销经验,这位经理也得到一些结论,那就是不要完全相信顾客所说的他为什么不想买的原因。也通过这件事,他更加确信,作为专业的业务员,推销时必须有诚意,这往往能在不知不觉中帮助了顾客而不自知。

假如你有机会帮助顾客,那么,千万别错过时机。有一个业务员就因此而做成了一笔大生意。有一次,这位业务员去见一位准保户,解说过程只用了很短的时间,因为对方说,他那位有钱的叔叔有急事要办,而且他对储蓄险不感兴趣。事实上,业务员把文件拿出来之前,准保户就已经往外走了。

没有办法,业务员只好准备有空再来。当他走回到停在庭院里的车子旁边时,他见到顾客口中的那位叔叔正躺在地上修理引擎。业务员走过去,告诉那位先生自己很擅长修理引擎,可以帮他一把。于是,他脱掉夹克,卷起袖管,花了整整两个小时修好引擎。业务员再度被邀请回屋里喝一杯,而女主人则留他吃晚餐。当他准备离开时,主人要求他第二天再来谈储蓄险的事。

第二天,业务员做成了这笔交易。

你相信业务员都是帮了顾客的忙才做成生意的吗?不妨试一下,你会因此而超越其他的竞争者。

不论何时何地,顾客的心理大致都相同,你可以试着问问自己,为什么你会特别喜欢到某一个加油站加油呢?

为什么你选择在附近的银行开户还不到其他地方去呢?你又是如何来选择保险公司的呢?一般来说,如果人们受重视或受到好的服务,就会很满足。作为专业的业务员,要主动帮助顾客,永远不要拒人于千里

77

之外。

对于一名业务员来说，要想超越其他竞争者，尽可能地协助顾客是唯一的也是最有效的方法。当然，这种协助是真心诚意而不期望回报的，是一种自然关心他人的举动。经验证明，一个人只有学会了付出，生意才会自动送上门来。

严谨的业务员，会经常将最新的资讯送给顾客，这是助人的方式之一。正所谓"跟熟人做生意可靠而放心"，一般人都会跟那些一直保持往来、又能提供最新信息的业务员做生意。

如果你在保险或金融领域工作，不妨问一下顾客，他真实的退休收入是多少？有些保险公司甚至为顾客提供免费的财务分析。

主动出击！问问别人有什么需要帮助的地方，也别忘了你对顾客的承诺，不论何种行业，售后服务都是必需的、重要的。

现在，让我们仔细分析一下推销。许多新业务员总是试图找到推销的窍门，那么，有没有窍门呢？弗兰克·贝特格在谈到这一个问题时，做了如下总结：

1. 预约。

要积极主动地与人预约，在预约中争取更多的有利条件。尽力让对方欣赏它的价值取向，让对方不知不觉地认为约会十分重要。

2. 精心准备。

假如你被邀请参加一个商会，并需要在这个各种人物都有的会议上发表演讲，他们每人还要付给你 100 美元，你会怎么做呢？你肯定是要花上几个小时来准备，来计划一下该怎么讲，肯定会把演讲当成是一桩大事。为什么呢？因为你要面对三四百名听众。但是，请别忘了，三四百名听众和一名听众并没什么不同，你要把每次和客户见面都当成一桩大事。

3. 什么是最重要的。

这是你在推销之前必须弄清的一个问题，因为它是你进行全面分析的前提和基础。

4. 关键点。

在你与客户见面、联络或是在电话中与客户有要事相谈而又能做到以下几点的人，一定是不寻常的人。

（1）牢记要点。

（2）思路清晰明了。

（3）简明扼要且紧扣主题。

5. 突破点。

让客户感到吃惊，能唤起顾客对他们自身利益的关注。但尽量不要这样做，除非你有实在的东西，而不是概念。

6. 让客户担心。

只有两项基本的要素可以驱使人们的行为：一是渴望得到，二是担心失去。从事广告的人士告诉我们，那些笼罩了危险的担心是最具活力的。

7. 建立信心。

只要你是真诚的，就可以有很多种方式让你在他人面前建立自信。在生人面前获得自信有4条原则：

（1）做购买者的助手。

（2）"如果你是我的亲兄弟，我就对您说真话……"

如果你是一个拥有强烈自信心的人，你就会毫无问题地使用这一原则。

（3）夸赞你的竞争对手。

"如果不能夸奖他人，那么，也不要在背后讲别人的坏话"，这永远是销售中的一条原则，也是获得信任最快捷的途径。因此，要尽量说别人的好处。

（4）"我现在为您所做的事，没有人可以做得了。"

这是在销售中很有效的一句话。一句诚实的话，会有惊人的效果。

8. 真诚地赞许客户的能力。

每个人都喜欢被重视，都渴望得到别人的夸奖和真诚的认同。但是，我们不能做得过分。

9. 会谈时使用"您"这个字眼。

把你上次推销时的谈话写下来，把谈话中那些"你""你的"换成"您""您的"再试一次。

04　不要惧怕失败

我从没遭遇过失败，因我所碰到的都是暂时的挫折。

弗兰克·贝特格说："如果你能从失败中学到你所缺乏的东西，那么，你将永远都不会失败。"

下面是一位女广告经理讲述的故事：

如果你造访她现在的办公室，你会发现房间的另一边是一片美丽的旧式西班牙花砖，以及红木制的小吧台，外加九把皮面的高脚椅，不同寻常吧？那些皮椅如果能说话的话，它们会告诉你，每个人都有一段低潮沮丧的日子。

"那时，第二次世界大战刚刚结束，经济不景气，工作非常难找。我丈夫向人借钱买了间小型的干洗店，收入原本是足够养活我们一家四口，以及应付汽车房屋等贷款的。可是，后来由于经济萧条，我们的生活一下子陷入了困顿。

"我想赚钱贴补家用，但我既没有读过大学，也没有一技之长，实在不知能做什么。这时，我突然想到高中的英文老师，她鼓励我往新闻报道方面发展，并指派我担任校刊的编辑，我想：'我可以为本地小型的周报写些《购物指南》之类的专刊，这样也可以赚些稿费偿还贷款。'

第四章　从失败到成功的销售经验

"当时我们把车卖掉了,也拿不出钱来请保姆,所以我把两个孩子放在一辆摇摇欲坠的婴儿车里,后面绑个大枕头,一路上,车轮不断倾斜下掉,我只好用鞋跟把轮子敲回去,再继续向前走。在这走走停停的过程中,我下定决心,绝不能让孩子像我以前一样挨饿受冻。

"然而在说明来意后,报社的负责人对我摇摇头,道:'很抱歉,现在经济不景气。'情急之下,我想出了一个主意,如果同意让我刊登《购物指南》,我可以自己负责找广告商。最后,负责人同意给我一段时间,但他劝我别抱太大希望。他们以为我推着那辆破婴儿车到处找广告商,是绝对没有什么下文的。但是,他们错了!

"我的做法果然不错,这份收入不但还清了贷款,还买下了一辆二手车。工作量不断加大,于是我请了位高中女孩来帮我照顾孩子,时间是每天下午三点到五点。三点一到,我便拿起报纸,匆匆忙忙出门去会见客户。

"然而在某个阴雨的午后,我到客户店里收取广告文案时,却遭到拒绝。

'为什么?'我焦急地问。

"原来因为瑞塞尔药店的老板——鲁宾·阿尔曼先生没有在我的《购物指南》上刊登广告。他们认为,阿尔曼先生的店是本地生意最好的,如果他不肯选择我的刊物,那表示我的广告效果不大理想。

羊皮卷

"听完之后,我的心沉到了谷底,我的房屋贷款全靠这四家广告客户呀!我咬了咬牙,决定再去找阿尔曼先生谈一谈,他是个德高望重的好人,一定会给我机会的。其实以前我已拜访过他许多次,他总是以'外出'或'没时间'等理由拒绝见我。如果他同意与我合作,那么其他的药商也会跟着合作了。

"我忐忑不安地走进阿尔曼先生的药店,他在柜台后面忙着。我拿着刊有《购物指南》的报纸,满脸微笑地向他表明来意:'您的意见一向受到别人的重视,可否请您抽个空,看看我的作品,给我一点指教呢?'

"他听了之后,嘴角立刻往下拉,坚决地摇着手说:'不必了。'看着他斩钉截铁的表情,我的心情像摔碎了的玻璃瓶碎片似的,不知如何是好。

"我沮丧极了,连走出店门的力气都没有了。我在药店里的红木小吧台前坐了下来,但又不好意思白坐,于是掏出身上的最后一枚硬币,买了杯可乐,茫然地思索着下一步该怎么做,难道我的孩子会像我小时候一样吃苦受累吗?难道我真的没有写作天分吗?难道我的英文教师错看我了?一想到这些,泪水涌上了我的眼眶。

"就在此时,我身边传来一个温柔的声音:'为什么事伤心呀?'我回头一看,一位满头白发的慈祥老妇人正关切地看着我。我将事情原委告诉了她,最后我叹了一口气说:'但是,阿尔曼先生二话不说就否定了我的请求。'

"'让我看看那篇《购物指南》。'她接过我手上的那份报纸,仔细阅读了一遍,看完后,她从椅子上站起来,对着柜台那边神气十足地喊了一声:'鲁宾,过来一下!'原来她是阿尔曼太太!

"她要阿尔曼先生在我的专刊上登广告,阿尔曼听了后脸上立刻换上了笑容。接着,阿尔曼太太向我要了先前拒绝我的广告客户的电话,一家一家打去交代。然后,她告诉我只管去跟他们拿广告文案,其他的都不用担心。出门前,她又给了我一个鼓励的拥抱。

82

"后来,阿尔曼夫妇不但成为我们忠实的广告客户,同时也成了我的好朋友。我后来才知道,其实阿尔曼先生十分热心肠,只要有人上门拉广告,他总是不予拒绝。但阿尔曼太太不希望他滥卖广告,所以后来他才对谁都摇头拒绝。当时我如果消息灵通的话,就应该先找阿尔曼太太商量。小吧台旁的那番谈话改变了我后来的际遇,我的广告事业越做越大,最后成立了4家分公司,雇有员工285人,负责的广告业务多达4000件。

"前段时间阿尔曼先生装修店面时,撤走了那个小吧台。我丈夫于是便把吧台买来,摆在我的办公室里。每当有客人光临时,我总喜欢请他们到小吧台旁坐坐,招待他们喝杯可乐,然后提醒他们千万别放弃,援手随时都可能出现。"

如果与别人沟通有困难,可以多去探听些有关他的消息,试着换一种方式,或是通过合适的第三者转达你的想法,千万不要一遇困难就灰心丧气,一蹶不振。正如玛里奥特饭店创始人比尔·马里奥所说:

"我从没遭遇过失败,因我所碰到的都是暂时的挫折。"

第五章

思考与致富

羊皮卷

01　思考致富的第一步：思考

　　对于一双未受训练的眼睛来说，水晶矿石只不过是一块普通的石头。但在地质学家看来，却能透过普通的矿石看到内部美丽的水晶。

　　运用正确的思考是我们达到目标的关键所在，这个世界上所有有所成就的人，都充分运用了正确思考的能力。思考支撑和构筑着所有的成就，一个正确的思考者总是能够创造条件使心中的愿望得以实现。他知道，没有什么事情会自动发生，除非你积极主动地推动事情的发生。你最好在心理上做个准备，使自己了解，要成为一个思想方法正确的人，必须具备顽强坚定的性格。因为要想思想方法正确，有时就会受到某种力量的暂时性惩罚。对于这一事实，我们无需否认，但是，由于思想方法正确所获得的补偿性报酬，整个合计起来将是如此之大，因此，你将会很乐意接受这项惩罚，它会给你带来丰厚的回报。

　　对于一双未受训练的眼睛来说，水晶矿石只不过是一块普通的石头。但在地质学家看来，却能透过普通的矿石看到内部美丽的水晶。你也可以把自己训练成为一个拥有敏锐眼光的地质学家，去发现水晶矿石中美丽的水晶。造物主是公平的，她为每个人都提供了成为人生佼佼者的机会，只要我们能够正确的思考，便能在人生的漫漫征途中实现属于自己的那份辉煌。

　　在准备完成每项工作和计划时，多问一下自己——你能想到第几步？

你能想到第几步

　　爱若和布若差不多同时受雇于一家超级市场，开始时两个人都从最底层干起。可不久爱若就受到总经理的青睐，连连提升，从领班直到部门经理。布若却像被人遗忘了似的，还在最底层默默无闻。终于有一天布若忍无可忍，向总经理提出辞职，并痛斥总经理不重视人才，辛勤工作的

人得不到提拔,却提拔那些会拍马屁的人。

总经理耐心地听着,他了解这个小伙子,工作上吃苦耐劳,但似乎缺少了点什么,缺什么呢?三言两语说不清楚,说清楚了也说服不了他,看来……他忽然有了个主意。

"布若先生,"总经理说,"您马上到集市上去,看看今天都是卖什么的。"

很快,布若从集市上回来了,他说刚才集市上只有一个农民拉了车土豆在卖。

"一车大约有多少袋,多少斤?"总经理问。

布若又跑去,回来说有10袋。

"价格是多少?"布若再次跑到集市上。

总经理望着来来回回跑得气喘吁吁的布若说:"请休息一会吧,看爱若是怎么做的。"说完他叫来爱若,对他说:"爱若先生,您马上到集市上去,看看今天有什么卖的。"

一会儿,爱若从集市回来了,汇报说到现在为止只有一个农民在卖土豆,总共有10袋,价格适中,质量不错,他带回几个让经理看。这个农民一会儿还将弄几筐西红柿上市,在他看来,价格比较公道,可以进些货。自己估计这种价格的西红柿总经理大约会要,所以他不仅带回来几个西红柿作样品,而且还把那个农民也带来了,他现在就在外面等回话呢。

87

羊皮卷

总经理看一眼红了脸的布若,说:"请他进来。"

因为爱若做事情总会比布若多想几步,所以,他在工作上也就取得了一定的成功。

请问,你能想到几步呢?

在现实生活中,多想几步,即远见卓识将给我们的生活带来极大的价值。

凯瑟琳·罗甘说:"远见告诉我们可能会得到什么东西,远见召唤我们去行动。心中有了一幅宏伟的蓝图,我们就能从一个成就走向另一个成就,把身边的物质条件作为跳板,跳向更高、更好、更令人快慰的境界。这样,我们就有了无可衡量的永恒价值。"

远见能够带来巨大的利益,打开不可思议的机会之门;远见能增强一个人的潜力,人越有远见,潜力就越深不可测。

没有远见的人面对将来发生的事情时往往会不知所措,自乱手脚。变化之风会把他们刮得满天飞,他们不知道自己会落在哪个角落,等待他们的又是什么东西。

如果你有远见,又勤奋努力,那么,实现自己的远大目标的几率就会大大增加。当然,未来是怎样的谁也不敢保证,任何人都一样。但是,远见卓识能大大增加你成功的机会。

人们早就知道远见对于成功的重要性。据《圣经》箴言编第29章第18节记载,大约3000年前就有人说过:"没有远见,人民就放肆。"尽管远见自古以来就很有价值,但在今天,真正有远见的人看来并不多。

妨碍远见的几个因素

远见不是天生的,谁也不可能一生下来就具备看到机会和光明未来的能力。事实上,远见是一种可以培养的能力。但在一些情况下,它也经常受到各种因素的干扰或影响。

首先,当前的压力会限制我们的远见。

很久以前有两父子牵着一头小毛驴进城里去赶集。起初父亲骑驴,儿子走路。路人看见他们经过,就说:"真是狠心的父亲呢,自己骑着驴子,也不怕把孩子累着。"

父亲听后很惭愧,就叫儿子骑上毛驴。可不一会而又有人说:"真是不孝的儿子,竟然自己骑着驴子,叫父亲在下面走着。"

于是父子两人一齐骑上去,谁知道又有人说:"真残忍呀!两个人骑一头驴子,也不怕把小驴子压死了。"

于是两个都下来走路。走到半路又有人笑话着:"真愚蠢呀!有驴子却不知道骑上。"

最后,他们到达集市时整整迟到了一天。人们惊讶地发现,那人同他儿子是一起抬着那头驴来到集市的!

其实,在生活中,我们有时又何尝不像这个赶驴的人一样呢?因为过分担心所受到的压力而看不清方向,忘记了自己的目标。

其次,当前的地位能限制我们的远见。

奥利弗·温德尔·霍姆斯说:"人生在世,最重要的不是我们所处的位置,而是我们活动的方向。"什么时候、什么地方、以什么方式开始我们的一生,这我们无法选择。我们生下来就处于一种身不由己的环境中,但随着年龄的增长,我们的选择就会越来越多。比如,我们可以选择在哪里居住,跟谁结婚,从事什么工作。我们可以选择人生的方向,年龄越大,就要做出越多的人生选择,就越应该为自己的处境负责。

然而,很多人并不这样想,他们认为目前的处境决定了他们的命运。他们觉得自己不再有别的选择,于是便向环境屈服。

别掉进这个陷阱里。几百年前,这种观点或许是对的,但现在不对了。对于一件事,如果我们有着一定要做成的强烈愿望,并乐意为之付出代价的话,那么,几乎没有什么事情是不可能的。无论你目前的地位多么卑微,千万别让它剥夺了你的远见。谨小慎微者是很难取得成功的。

再次,过去的经历限制我们的远见。

与其他任何因素相比,过去的经历更有可能限制我们的远见。我们总会以过去的成败来看待将来的机会,因此,如果你的过去特别艰难、困苦、不成功,那么,你应该加倍努力,才可以看到将来的前途。

羊皮卷

从大自然中,我们就可以找到一个能够充分说明过去是怎样影响一个人的极好例子。这个例子就在跳蚤马戏团里。过去,你也许在狂欢节或马戏团里看过,这些极小的昆虫能跳得很高,但不会超出一个预定的限度。每只跳蚤似乎都默认了那个看不见的高度。你知道这些跳蚤为什么会限制自己跳的高度吗?

刚开始受训时,跳蚤被放在一个有一定高度的玻璃罩下。起初,这些跳蚤试图跳出去,但都撞在了玻璃罩上。这样跳了几下之后,它们就不再尝试跳出去了。即使拿走玻璃罩,它们也不会跳高一点跳出去,因为过去的经验让它们懂得,它们是永远跳不出去的。这些跳蚤成了自我限制的牺牲品。

人也会变成这样的。如果你认定自己不能成功,你就局限了自己的远见。因此,我们要开动脑筋,敢于展望美好的未来,试一试你的最大能力。

最后,缺乏洞察力会限制我们的远见。

对于远见来说,洞察力是至关重要的。说到底,远见就是在人生的巨大画卷中看到、想到当前的情景与未来的前景。

缺乏洞察力是十分不利的。据说,19世纪时美国专利局里有人建议关闭专利局,因为他认为没有人会再发明什么有价值的东西了。想一想自19世纪以来的科技进步,我们会明白,有人竟提出那样一个建议,简直令人难以置信。

如果你缺乏洞察力,请试着从另一个角度看问题。研究历史,研究其他民族的文化,然后在分析当前的事物时展望将来。弗兰克·盖恩曾说过这样一句名言:"只有看到别人看不见的事物的人,才能做到别人做不到的事情。"

02　思考致富的第二步：信念

信念是"永久的万应灵药"，它能够带来生命、力量和由创富思想冲动引起的创富冲动！

要想致富，要想成功，就得培养一种致富信念，一种成功信念。那么，我们应该怎样培养这种信念呢？

信念是大脑的药剂师。当信念与思想结合在一起时，潜意识就会立即吸收这个振动，并将它转换成精神的等价物，传递到大脑的无穷智力区，就像祈祷的情形一样。

信念的情感、爱的情感、性的情感，是所有主要情感中最强烈的情感。当这三种情感结合起来时，它们会产生出改变大脑思想的力量。进入潜意识之后，它们会转换成精神的等价值，并将智力导向一种更高级的形式。这就是通过信念的强化，进行自我调节的过程。

有一句话，可以使我们更好地理解自我调节对将愿望转化为物质或货币等价物的重要性和原理，即作为一种思想状态，信念是通过自我调节向潜意识提供肯定或反复的指示而产生的。

也许通过下列解释，我们会更加清楚，这是关于人可能变为罪犯的原因。在这里，我们引用一位犯罪学专家的话："当人们第一次接触犯罪时，他们厌恶它。如果他们保持与犯罪接触，慢慢地，他们就会对犯罪习以为常，并能够容忍犯罪。如果他们长期保持与犯罪接触，最终他们会接受它，并受它的影响。"

换一句话说，反复传递给潜意识的思想冲动，最后会被潜意识接受，而潜意识则会根据这个冲动行动，用最有效的方法将冲动转化为有形的等价物。

让我们再回顾一下这个说法，一切带有感情色彩的思想与信念结合起来后,会立即开始转化为有形等价物和相对物。

情感,即思想的"感觉"部分,是给思想注入活力、生命和行动的因素。当信念的情感、爱的情感、性的情感与思想冲动结合时,将会产生出一个比任何这些单个情感的力量更大的力量,也就是说,当你有把握的行动再加上强烈的信念时,会发挥出巨大的力量征服所有阻碍。

思想冲动不仅与信念相结合时,会深入和影响潜意识,与任何积极情感或消极情感相结合时,它都可以深入和影响潜意识大脑。

根据"没有人是注定要失败的"这句话,你能够明白潜意识可以将消极的或本质上有害的思想冲动,转化成有形等价物,正如潜意识本质上就具有建设性的思想冲动一样。这里便解释了许多人所经历过的奇怪现象,即"不幸"或"坏运气"。

许多人总是以为自己命中注定要失败或贫穷,因为他们相信自己无法控制某些奇怪的力量,只能顺其自然,被动消极。他们是自己"不幸"的制造者,因为他们潜意识中的这种消极想法会转化成有形的等价物。

我们要在这里为那些渴求财富的创富者提供一个行之有效的建议:将你想转化为财富等价物的愿望,传递到你的潜意识中。当然,我们同时也应当明白,信念或信心是决定潜意识行动的要素,当我们通过自我调节给潜意识指示时,没有什么东西可以阻止蒙骗自己的潜意识。

为了使这种"蒙骗"表现得更现实,当人们唤醒潜意识时,如果已经准备去创造你要求的财富,你可以按你的意愿采取行动。

潜意识会通过最直接、最现实的媒介将信念命令或执行命令的信念转化为有形的财富等价物。

使信念与通过信念传递给潜意识的财富命令相结合,让积极情感成为大脑的主导力量,减少并消除消极情感的影响。

积极情感占主导地位的大脑,会成为创富思想状态停留的最佳之处,如此状态的大脑可随时向潜意识提供指示,潜意识将接受并按照这些指示即刻行动。

在这里,我们将用浅显易懂的语言来描述这样一种坚定创富信念的原则,信念可通过这些原则发展到它从未存在过的地方。

对自己有信心,信心是无穷的。

在我们开始之前,还应该再次认识到:

信念是"永久的万应灵药",它能够带来生命、力量和由创富思想冲动引起的创富冲动!

此外,我们还应当明白,自我调节的魔力蕴藏在自我调节的原理之中。因此,我们还得把注意力集中在自我调节的目标上,认识这个目标以及它所能起到的作用。

人们最终总会相信他对自己重复提及的事,不论这件事情是真实的还是虚假的。正所谓"谎言重复一千次,也会变成真理",说的就是这个道理。每一个人的言行都体现着他自己,因为主导思想占据着他的头脑。一个人在头脑中仔细谨慎地存放的思想,与任何一种和更多的情感相结合产生的激发力,都会引导和控制他的所有动作和行为。

写出你的信念

你可以不重视自己,也可以诚实地对待自己;你可以对未来悲观失望,也可以以积极乐观的态度去对待;你可以超越失败和挫折,也可以在遭受挫折后一蹶不振;你可以为你理想的目标而奋斗,也可以安于现状停滞不前。

你虽不能选择自己的出生和时代,但以上这些选择权就掌握在你的手中。选择过程也就是自我暗示过程,所以说,自我暗示是成功的助手和保镖。

倘若你选择了成功信念,那么,你不妨亲手把你的信念写出来,贴放在显眼的地方,以便经常得到暗示。古往今来,成功者都有其所坚守的信念,他们中许多人则把信念用格言形式写出来,作为自己的座右铭。

1888年,法国巴黎科学院举办了一起关于"刚体绕固定点旋转"问题的有奖征文活动,征文条件规定,应征论文的作者在提供论文的同时,要在论文上附上一条自己的格言。

最后,俄国女数学家苏菲·柯瓦列夫斯卡娅的论文被一致认为科学

羊皮卷

价值最高,而她的格言是"说自己知道的话,干自己应干的事,做自己想做的人。"由于她的成功的自我推销,引起了法国科学院的青睐,又加之她遵循自己的格言,并进行不懈的努力,果然实现了自己的格言,成为一个"做自己想做的人"。19 世纪,妇女正处于被压迫、被奴役的悲惨地位,她却成了走进法国巴黎科学院大门的第一位女性,成了数学史上第一位女教授。

如何改变旧有信念

如果你现在希望摆脱贫穷,希望人生更加美好,那么,请检查一下旧有的信念,检查、怀疑并改变让你陷入贫困之中、处于痛苦边缘的旧有信念吧!

一切个人的突破都始于信念的改变,那么,我们应该怎样改变旧有的信念呢?最行之有效的办法便是让脑子去想到旧信念所带来的莫大痛苦,你必须打心底认识到这个旧有的信念自始至终都在给你带来痛苦,过去是,现在是,将来也是;与此同时,你要想到新的信念能给你带来无比的欢乐和活力。这个训练是最基本的,日常生活中你要不断反复地去练习,时间久了便自然能看到它的成效。我们所做的每一件事,不是为了避开痛苦,就是为了得到快乐,因此,要想改变某个信念,只要我们把它跟足够的痛苦联想在一起,久而久之,便能很容易地改变这个信念了。我们之所以会对某些事抱着坚贞不渝的信念,唯一的理由就是我们不相信它会带来痛苦。

那么,究竟怎样改变旧有的信念呢?

怀疑旧有信念

如果你不怕丢脸,请问你以前是不是拼命地相信过某些信念,而现在想起来却觉得可笑异常呢?会有这样的改变是因为你有了新的依据,还是你终于发现以前的信念其实是行不通的?

当我们有了新的依据,就会对过去一直坚持的信念产生疑问,进而打乱先前的把握感,用新的依据来建立新的信念。不过,新的依据也未必会使我们改变旧有的信念,往往我们会发现所得到的依据跟旧有的信念相互矛盾,可是,我们总会自圆其说地给自己找借口和理由来支持这个信念。

要想改变一个人的信念,唯一的途径便是要能造成新的依据,要能够让其对旧有的信念产生怀疑,因为一个信念的成形必然是我们对它深信不疑。当我们对信念开始产生质疑,对其就不再有充分的把握了,那就有如我们所认识的那张桌子的桌腿。

你可曾质疑过自己办某件事的能力吗?你当时是怎么想的呢?很可能是你问自己这样一个问题:"如果行不通怎么办?"或"如果我办不成怎么办?"很明显地,问题问得好像具有很大的力量,如果你把它用来怀疑自己的信念,很可能会发现旧有的信念原来是糊里糊涂相信的。

实际上,我们的许多信念都来自于他人,只是当时没有好好探究。如果我们能重新去认识,好好去研究,就会发现有些信念其实是毫无道理的,而自己却人云亦云地相信了那么多年。

在日常生活中你会有许多信念,但你所认定的就一定是对的吗?也许,在这些信念中就有一些阻碍了你前进的脚步,而你根本还不知道!

如果你对一件事物不断地提出问题,或许没多久,你就会开始对它产生怀疑,这其中也会包括那些你曾深信不疑的事物。

羊皮卷

痛苦是改变信念最有效的工具

痛苦的确是改变信念最行之有效的工具。

在莎莉·拉菲尔最近一次的电视座谈会中出现的一个例子,便证明了痛苦确有能使信念改变的力量。在节目现场中有一位女士,勇敢地在观众面前声明脱离三K党。而在一个月前她也曾出席这个节目时,插播了一小段影片,是关于三K党妇女大会召开的情形,而这位女士也在其中。在影片里,三K党妇女猛烈地抨击所有跟她们没有相同种族观的人,叫嚣着就是因为种族混杂,才造成美国国力与人民素质的低落。为何她的信念在短短的一个月之间竟有如此大的转变呢?有两点:

第一,在前一次节目的观众席里有一位少妇站出来,哭着要求那位女士应该学习种族之间的彼此了解,因为她的丈夫和孩子都是西班牙裔,她不敢相信美国竟有坚持种族歧视的群体。

第二,因为那位女士的儿子当天也一道上了节目,并且提出了和他母亲不同的观点,这让那位女士觉得在全国观众面前很失面子。于是,那位女士便在返家的飞机上数落起儿子。由于那位女士骂得太过火,儿子气得半途便下了飞机,并且向他母亲说了"永远不再回家"之类的气话。当那位女士到家之后,回想起白天在节目中有位现场观众向她说的一句话:"此刻正有一些皮肤有颜色的美国军人在波斯湾前线作战,他们不仅是为美国,也是为你。"又想起飞机上和儿子的争执,这让她觉得十分后悔,为什么自己会有如此偏激的想法呢?于是,她决定立即改变这种想法。

因而她第二次上那个电视讲座时,当场向所有观众承认了自己对种族的看法是极为褊狭的,并且宣布从此将退出三K党,平等地对待各个种族,并把他们视为自己的兄弟姐妹。

人生中有件重要的大事,那就是你得不时地检讨自己所坚持的信念,看它是不是能不断地激励你奋发努力,勇敢地面对生命中各种艰难?假如你想知道哪些信念拥有这样的能力,那你可以试着去请教那些有成就的人,向他们学习成功的奥秘。

效法人生赢家的信念

要想拓展你的人生,就去请教那些已经有成就的人吧,这是一种既有效又有意思的方法。在生活中不乏这样的人,只要问他这句话:"请问使你成功的信念是哪些?"有一本名叫《与成功有约》的书,运用了其中的一些法则因而得有今日,从此以后便醉心于探索每位成功者所特有的价值体系、信念和成功的法则。在本书中所提到的许许多多道理并非某人独创,而是从各行各业中的佼佼者那里总结出来的,他们在人生路上已经留下了成功的经验,我们只要学习和借鉴,便可收到事半功倍的效果。所以,在每天的生活中,你都要好好注意周围每一个人,向他们学习能使你迈向成功的秘诀。

大哲学家叔本华曾经说过,所有的真理只有经历了下面三个阶段才会被世人所接受:

第一阶段,觉得可笑而不加理会;

第二阶段,视为邪说而强烈抗拒;

第三阶段,不假思索而欣然接受。

在消费者的心里就会存有一些错误的观念,结果给美国的企业界造成了不小的灾难,甚至影响了美国的整体经济。

有一个观念对美国的经济造成了很大的伤害,这就是"数字管理"。长久以来,美国企业相信只有降低成本、增加营收才会带来丰厚的利润,有一个著名的例子便是受此之害,它发生在黎恩·陶森主持克莱斯勒汽车公司的时候。当时,产业界不景气,各家企业的收入都大幅滑落,为了立即增加公司的利润,陶森采取了降低成本而不是提高经营收入的做法。他解雇了 2/3 的工程设计人员,从短期来看,他仿佛做了一项聪明的决定,因为利润立刻往上蹿升,陶森也因此被全公司视为救星。可是没有几年,克莱斯勒就又陷入了收支的困境,怎么会这样呢?当然,其中的原因肯定不止一个,但是就长期来看,乃是陶森那个解雇工程设计人员的决定所导致的,因为它严重破坏了克莱斯勒素以设计质量著称的基础。我们经常会发现伤害公司最厉害的往往是那些作出短视决定的人,可他们却

羊皮卷

常领高薪,他们所想出的办法固然可以解决眼前的问题,但是,也会导致更大问题的发生。相对于克莱斯勒这个例子,福特汽车之所以能快速扭转颓势就全仗它的工程设计人员,他们设计出了 Taurus 的新款车种,树立了汽车品质的新标准而赢得消费者的青睐。

从上述的例子可以得知,信念会影响我们所做的一切决定,不管是事业上的还是生活上的,从而主宰我们的未来。因此,我们如果想要有一个成功而快乐的人生,就必须学会接受信念,时时不断地改进自己人生的品质,不断成长、不断拓展。

付诸行动

下面这位女主角的故事足以向我们昭示:只要活着,就有希望。前途是否光明,关键在于你对未来的想法与计划。

朗特丝已沮丧到不想起床的地步。她精力全无,自从胖了 50 磅以来,每天都要睡 16 到 18 小时。就在这时,收音机里的一则广告吸引了她的注意。因为朗特丝的治疗师说过她不可能再好转,因此实在难以置信她会对健康俱乐部的广告有兴趣。更令人惊讶的是,她竟然摇摇晃晃地跑到那里一探究竟。这是她的第一步,也是关键的一步。如果没有这一步,以下的故事就没得发展了。

只要踏出第一步,每一扇门都会为你打开。朗特丝从收音机获悉这家健康俱乐部后,便立即付诸行动,加入他们的行列。当她学习了体能课程后,她的精神状况开始转佳,态度也开始改变,随后更得到无比的快乐和冲劲。她的个性全然改观,原来潜藏的优点也全数显露于外。也因此之故,爱人及机会都自动找上门来。达尼克就是这么被她吸引而对她展开热烈追求的。及至婚后多年,夫妻俩仍然如胶似漆,一往情深。

俱乐部推销人员及会员既友善又生气蓬勃,他们显然很喜欢目前所从事的工作。朗特丝加入了俱乐部,开始参加运动课程。一段时间后,她的感觉及精神大幅度地转变,她甚至说服俱乐部给她一份推销的工作。以前她在鞋店卖过鞋,业绩也相当不错,只是后来因家人的坚持,她才改行当了老师。

第五章 思考与致富

当老师期间,她非常不快乐,心情很郁闷,就开始拼命吃巧克力蛋糕,结果体重大增,精力大衰。俱乐部的推销工作让她回忆起了鞋店的快乐时光,但她的情绪仍旧起伏不定,时好时坏,因此她的经理便给她一套励志录音带,要她每天听。没想到她的销售业绩及个人生活竟因此大获改善。

朗特丝素来对广播推销极为感兴趣,因此,她便有意朝这个方向发展。但是,她中意的电台没有空缺的职位,也不愿给她面试机会。那时,她已领会到坚持到底的诀窍,便死守在总经理的办公室门前,直到他答应给她面试机会为止。看到她表现出来的信心、决心、毅力及冲劲,经理最终答应雇用她。一上任,她便拿出了骄人的成绩,没多久又遥遥领先于其他同伴。

接下来是她的人生转折点:她跌断了腿,几个月之内都得上石膏、挂拐杖,但她并没有因此而停下来。12天后,她又回到电台,并雇了一名司机载她到各指定地点去。由于她实在是不方便上下车,于是她便开始利用电话进行推销和接订单,结果业绩大幅度地上升。

朗特丝一人的业绩比其他4名推销员的总和还高,她们便向她讨教。朗特丝向来喜欢与人分享资讯,于是便将自己的方法传授给其他推销员。没多久,销售部经理辞职,大家便一致推荐,由朗特丝接任经理一职。朗特丝获得新职位后,仍然兢兢业业,不仅每天召开销售会议,还保持自己的业绩。虽然电台销售仅占市场的2%,但他们每个月的营业额却由原先的4万美元上升至10万美元。

广播电台的狄斯耐频道总经理,听说这个电台听众最少,业绩却名列前茅时,便邀请朗特丝到其他城市主持研讨会。而不管到了哪里,成果都非常显著,因为一旦有了凝聚信心的动机,再配给顾客至上的销售技巧,生意自然蒸蒸日上。

由于研讨会的成果卓著,朗特丝被聘任为狄斯耐连锁电台销售部的副总。"全国广播协会"也邀请她到全国大会上,对2000名听众发表一场演讲。虽然朗特丝从未有过演讲方面的经验,但她对自己及所学的技巧,

99

都具有无比的信念。

她认认真真地准备演讲稿,想象自己说话的样子,想象听众对她的演讲报以热烈掌声的情景。每演练完一次,她就给自己来个起立鼓掌。

那一天终于到来了。她准备了一大堆演讲稿,一切准备就绪。但当她踏上讲台,炫目的灯光却使她很难看清演讲稿。于是,她步下讲台,依照心中的感想发表演说。听众如痴如醉,不断以热烈的掌声打断她,并起立向她致敬,景象与她心里所想象的完全一致。演讲完毕后,她立即受邀前往全国18个城市开办研讨会。

现在,朗特丝已成为全国知名的演说家、作家,也是朗特丝推销与激励公司的董事长。与过去相比,她变得更加快乐,更加健康,更加富裕了。她的朋友增多了,心态平和安宁,家庭关系融洽,对未来更是充满希望。

朗特丝的故事告诉我们:信念加上训练,可使你大幅度成长,成就非凡。动机主要是指行动,它就像一把火,需要时时添加燃料。负面思想就像地心引力,会吸引着你往下掉,只要人能挣脱,便可不费吹灰之力向前迈进。

信念好比航标灯射出的明亮的光芒,在朦胧浩淼的人生海洋中,牵引着人们走向辉煌。高高举起信念之旗的人,对一切艰难困苦都无所畏惧。相反,信念之旗倒了,人的精神也就垮了下来,而从来就不曾拥有过信念的人对一切都会畏首畏尾,在漫长的人生旅途中抬不起头,挺不起胸,迈不开步,整天浑浑噩噩,迷离迷糊,看不到光明,因而也感受不到人生的幸福和快乐。

03 思考致富的第三步:创新

每一个灵感都是新构想,抓住它,你就能成功。

没有谁是全能的富有创新思维的人,但我们却可以发展自己所有的创新潜能，从而对自己的创富有所助益。

在激烈多变的市场竞争中，创新最能出奇制胜，使你迅速脱颖而出。创新并不需要天才，它就在生活之中。所以，创新的关键在于发展创新思维。那么，发展创新思维不妨从以下几个方面开始：

注意观察生活

生活五彩缤纷，千变万化，其中蕴藏着许多机会，关键在于你能否发现它。日本的一个名叫石桥正二郎的普通人，就因善于观察生活而走上了创富之路。

石桥正二郎没有职业，生活贫困窘迫，但他从未因此而妄自菲薄。他懂得事在人为，只要自己肯动脑筋，早晚会想出好的发财点子来。为此，他睁大眼睛，认真细致地观察人们的生活，不停地转动着脑筋进行思考。

当时，日本流行一种"日本胶底布鞋"，它是在普通布鞋的底部粘上了一层薄薄的橡胶皮，人们穿着它，踩在潮湿、有点儿水的地方不会湿脚，而且，像穿布鞋一样舒服。因此，它很受消费者欢迎，在市场上卖得挺红火。

很快，石桥正二郎注意到了这种胶布鞋，他想，如果自己能搭上这趟快车，也许就能做成一件事。于是，他认真地对这种鞋进行了一番考察，

101

羊皮卷

并特意穿上这种鞋到处走一走,寻找穿这种鞋的感觉,以便发现它的可改进之处。

他知道,要搭上这列快车,必须在它上面装上自己的东西。否则,它便与自己无缘。

不久,石桥正二郎就发现:由于这种鞋胶皮太薄,只要地下的积水稍高于胶皮厚度,水就会渗入鞋内。此外,在走路时溅起的水花也会打湿鞋帮,这样,湿漉漉的鞋子穿起来便很不舒服。

消费者的不便就是生意人的机会。

针对这个并不起眼的"欠缺",石桥正二郎想:"假如把橡胶再向上面延伸一些,人们穿起来不就更方便了吗?"想到这里,他高兴得几乎要蹦起来。

之后,石桥正二郎立即把这一设想申请了新型专利,然后进行独家生产。改进后的布鞋由于加高了胶底,既舒适、方便,又有较好的防水功能,因此更受消费者的欢迎,购买者络绎不绝,仅在专利的保护期内就售出了两亿多双。

石桥正二郎原本只是一名无业人员,但凭借这项专利,他一举开创了在日本颇有名气的"石桥株式会社",当上了令人羡慕的大老板。

捉住闪动的灵感

灵感是思想的火花,往往转瞬即逝,但它常常是创新的绝好材料,所以要想有所创新,抓住闪动的灵感是必不可少的。

1947年2月的一天,当拍立得公司的总经理兰德在给女儿照相时,女儿不耐烦地问,为什么那么晚才可以看到照片。兰德耐心地解释,冲洗照片需要很长一段时间。说完他突然想到,照相术中存在着一个问题:为什么我们需要等上好几个小时,甚至几天才能看到照片呢?

如果能够当场把照片冲洗出来,这将是照相术的一次革命。难题是要在一两分钟之内,就必须在照相机里把底片冲洗好,并能适应0℃到110℃的气温,而且用干燥的方法冲洗底片。

兰德决定一定要掌握解决所有这些问题的方法。于是,他以令人难以置信的速度开始工作。不到半年,他就把基本的问题解决了。

诚如他的一名助理所说:"我敢打赌,即使100个博士,10年间毫不间断地工作,也没有办法达到兰德的成绩。"这话并不夸张。

但兰德自己无法解释他所经历过的发明过程。他相信人类和其他动物质的基本区别,就在于人有创造能力。

"你能想象吗?"他问,"一个猿猴发明一个箭头?"

有许多人说,现代人已经在科学上找到一项新工具,能够代替人进行创造发明的实验,兰德对这种说法感到十分难以置信。他倒是相信,发明是人类很早以前就拥有的能力,只是至今还并不清楚它究竟是怎么回事。

"我发现,"兰德说,"当我快要找到一个问题的答案时,一种本能的反应似乎就出现了。在你的潜意识里容纳了这么多可变的因素,你不能容许被打断。倘若你被打断了,那么,你可能要花上一年的时间甚至更久才能重建这60个小时打下的基础。"

兰德的一个最亲近的助手是专门研究60秒照相术的。她是普林斯顿一位数学教授的女儿,名叫密萝·摩丝。摩丝小姐后来成为拍立得黑白底片研究部门的主任,有许多重要的贡献,尤其是在软片方面。

60秒照相术所用化学原料和技术等,仍然是个商业秘密。他们在调制配方的时候,药瓶上只写着代号而已。

60秒相机在1947年成功推出之后,兰德想尽快把它推销到市场去。但是,问题在于应该怎样推销呢?

兰德和他的助理请来了哈佛大学商业学院的市场专家,他们一起研讨对策,有一阵子还真想采取上门推销的方式。

但是后来,他们又觉得用一般的销售方式就行了,并请了一位声望很高的人来推销,他的名字叫何拉·布茨。

布茨一见兰德的照相机,立即兴奋起来。1948年,他加入拍立得公司,成为它的副董事长之一,并且身兼总经理一职。布茨不只替拍立得带来他响亮的名气,而他个人在推销方面,也显示出极高的才华。

他没有利用什么推销组织就把照相机卖了出去,他花的广告费用如此之少，似乎连在波士顿任何一个地方做广告都不够。

布茨和他的推销主任罗勃曼想出了一个办法。他们在每个大城市选上一家百货公司，给他们一个月的专卖时间来推销兰德照相机，条件是百货公司要在报纸上大做广告，拍立得只是从旁协助，而且要在百货公司里大肆推销。

1948年11月26日，兰德照相机首次在波士顿一家大百货公司上市。大家争相抢购，以至于忙碌的店员不小心把一些没有零件的展览品也卖了出去。

这种势头促使相机大量生产。布茨在迈阿密用了一个别开生面的推销方法。他想到让那些迈阿密来度假的有钱人买照相机，因为他们来自全国各地，等他们度假结束回去的时候，无形之中就成了兰德照相机的宣传员，兰德相机也就被带到了美国各地。

为了达到目的，布茨雇了一些妙龄女郎和一些救生员，在游泳池和海滩附近，使用兰德照相机照相，然后再把照片送给那些吃惊的游客。后来的几个星期，迈阿密商店里的兰德相机被抢购一空。

兰德一再要求他的设计人员设计出一种既轻又方便的照相机，使得大家都想拥有一部。他预测总有一天，1亿美国人携带兰德相机，就像身上的皮夹、腕上的手表一样普遍。他相信，等60秒相机变得这么小巧方便的时候，每一个拥有相机的人，一天就会至少照一张相，不论做生意、旅行，或在家，都要照上一张。等到那时，卖出的软片将是目前的两倍。

兰德深信，总有一天拍立得的规模将会比今天大至少5倍甚至10倍。

兰德公司的辉煌证明了一个简单的道理：每一个灵感都是新构想，抓住它，你就能成功。

自己无意中的小主意

可以这样说，几乎所有的成功者都是在充分发挥了自己优势的基础上取得成功的。有时，我们无意中的一个小主意可能会带来大好的创富时机，不妨试试看。

有许许多多成功的范例,都归因于现实生活中小事所触发的灵感。

多留心生活,一点小事可能就能将你引上千载难逢的成功之路。

美国佛罗里达州有一位穷画家,名叫律薄曼。他当时所拥有的画具很少,仅有的一支铅笔也是削得短短的。

有一天,律薄曼正在绘图时,找了半天也找不到橡皮擦。当费了很大劲才找到时,铅笔又不见了。铅笔找到后,为了防止再丢失,他索性将橡皮和铅笔用丝线系在了一起。但用了一会,橡皮又掉了。

"真该死!"他气恼地骂着。

为了解决此事,律薄曼琢磨了好几天,最后,终于想出主意来了:他剪下一小块薄铁片,把橡皮放在铅笔的尾端,然后用薄铁皮绕着把两者包了起来。果然,用一点小功夫做起来的这个玩意相当管用。

后来,他申请了专利,并把这项专利卖给了一家铅笔公司,从中赚得55万美元。

因此,千万别小看自己,别小看生活中的小事,只要你留心观察,细心琢磨,你也可以成功。有时候,机遇就会自己找上门来,就看你能不能发现。

日本大阪的富豪鸿池善右是全国十大财阀之一,然而当初他只不过是个东走西串的小商贩。

有一天,鸿池与他的佣人发生口角。佣人一气之下将火炉灰抛入浊酒桶里(当时日本酒都是混浊的,还没有今天市面上所卖的清酒),然后慌张地逃走了。

第二天,鸿池查看酒时,眼前的一切让他惊讶不已。原来桶底有一层沉淀物,而上面的酒竟异常清澈。尝一口,味道相当不错,真是不可思议!后来,经过他坚持不懈的研究,认识到石灰有过滤浊酒的作用。

十几年的钻研后,鸿池制成了清酒,这是他成为大富翁的开端,而鸿池的佣人永远也不会知道,是他给了鸿池致富的机会。

这样的例子其实很多,只要你细心观察,勤于思考,就会发现身边的机会有很多很多。

羊皮卷

扎克是纽约市的一名碌碌无为的公务员,他唯一的嗜好便是滑冰,别无其他。

一到冬天,纽约的近郊便处处结满了冰。每当这时,扎克总是一有空就到那里滑冰,自娱。

然而,夏天就没有办法去滑个痛快了。去室内冰场需要钱,而且收费很高,一个小小的公务员收入有限,不便常去,但待在家里也不是办法,他深感日子难受得要命。

有一天,他百无聊赖时,一个灵感突然涌上来:"在鞋子的底面安装上轮子,就可以代替冰鞋了。这样一来,普通的路也就可以当作冰场。"

几个月之后,他跟别人合伙开了一家制造 roller—skate 的小工厂。做梦也想不到,产品一经问市,立即成为世界性的商品。没几年功夫,他就赚了 100 多万。

有了机遇还不够,还要有实力,实力就是要善于观察,有对生活的冲动。机遇只垂青于那些有准备、勤于思考的人。否则,为什么有那么多人用铅笔,而发明带橡皮头铅笔的却只有一个呢?

对生活充满信心吧,相信你的未来不是梦。

突破众人的责难

创新的出现是必然的,但创新的道路却是迂回曲折的,它往往会受到旧事物的阻碍甚至人为的障碍。所以,作为一个创新者,要实现自己创新的伟大理想首先要突破众人的责难,这样才有可能达到成功的彼岸。

拿破仑·希尔说:"面对责难时,不妨想一想帕塞尔苏斯。说也怪,每逢困难的时候,我都会想起帕拉塞尔苏斯,因为人类对他的争议至少有 500 年了。"

帕拉塞尔苏斯,出生于 1493 年的欧洲苏黎世,全名叫"受洗的奥尼俄卢斯·菲利普斯·塞俄弗耶斯图斯·朋巴斯图斯·冯·胡思海恩"。万幸的是,为了否定举世公认的古罗马最伟大的医学家塞尔苏斯,他给自己起了一个非常简洁明快的名字——帕拉塞尔苏斯,意思就是"超过塞尔苏斯"。如果说"与世无争"是一种传统美德的话,那么,帕拉塞尔苏斯的确是大逆不道,似乎他生来就是为了向这个世界挑战的。他蔑视一切传统,对当时的医学实践更是不屑一顾,他公然将传授了1000多年的教科书扔进学生集会的篝火里,他主张放弃一切传统的医学手段,而从实践中创新出全新的化学疗法。梅毒是一种前所未有的疾病,整个欧洲医学界对其束手无策。帕拉塞尔苏斯曾尝试着用盐、水银等物质合成去治疗,这给绝望之中的医学带来了一缕希望的曙光。但是,这种疗法的效果又不能不使皓首穷经的传统医学界瞠目结舌。

1552年,在瑞士巴塞尔,帕拉塞尔苏斯用全新的化学疗法成功治愈了著名的新教徒、印刷商约翰·弗洛本尼留斯的腿部感染,从而享誉整个欧洲。巴塞尔市政厅不顾医学界的反对,坚持让帕拉塞尔苏斯在大学任教。自此,他那些离经叛道的新世界观才得以传遍天涯海角。

帕拉塞尔苏斯是一个很不讨人喜欢的人,不仅他的说教,就是他的生活恐怕也难以让传统势力所接受。然而科学的进步、社会的发展并不都是靠那些讨人喜欢的人去推动的,人和人的行为本身并无好坏之分,只有当他的行为与社会、历史发生碰撞后,根据所产生的结果才能区分出好与坏。从这个意义上来讲,帕拉塞尔苏斯对人类进步的贡献是无可比拟、弥足珍贵的。遗憾的是,人们对不符合自己习惯的事总是说三道四,即使是给他们带来幸福和生命的人也不轻易放过,这的确是人们的不幸。但值得高兴的是,生命的多样性又是人类的本质所在,正是有了像帕拉塞尔苏斯这样充满激情的人们,才有了今天的绚丽多彩,因此,我们没有任何理由不对他们表示敬意。

帕拉塞尔苏斯的经历告诉我们,任何发明、发现和创造实际上都产生于一种人格,一种毕生无畏无惧地去探索、去追求、去奋斗的人格,只有这样,人类才能在实现自己理想的道路上有所前进,有所进步,而那些死背教条、墨守成规的人,即使皓首穷经、饱学终生,终究也将一事无成。

帕拉塞尔苏斯不为人类所喜,但人类的进步却离不开帕拉塞尔苏斯精神的推动。人类需要进步,人类需要创新,创新要不畏艰难。

羊皮卷

抓准机会求创新

有一个油漆制造公司的会计,告诉人们他的一项非常成功的投机生意。当然,他这个灵感也是从别人那里得来的。

"对于房地产,我向来没有什么兴趣。"他说,"我已经当了好几年会计,一直守着自己的工作岗位,不想改行。忽然有一天,一位经营房地产业的朋友约我去参加房地产俱乐部所主办的午餐会。

当天的演说人是本地一位德高望重的老先生,他谈到了20年后本市的一些发展趋向问题。他认为本市繁华区还会继续繁华,并会逐渐向四周的农地发展;同时,他又预测'精致农场'的需求会快速成长。这些农场面积不大,大约在2亩到5亩之间,但足够有一个游泳池、骑马场、花园,以及满足其他业余爱好所需要的一点空间。

他的话使我大吃一惊,因为他所说的与我所想的不谋而合。后来我一连问了好几个朋友,他们也非常乐意。

于是,我开始研究'如何根据这个想法赚钱'。有一天我开车上班时,一种想法突然浮现在我的脑海中:为什么不买大卖小呢?整块的买入,零散的卖出,这样不就可以利用差价大大地赚上一笔吗?

我在离市中心22里的地方找到一块荒地,面积是50亩,只卖8500美元,于是,我立刻买下来了。

然后,我在地里种了好多松树,因为有一个房地产的朋友告诉我,现在大家都喜欢树木,而且越多越好。

我要让顾客知道,几年以后,这块土地会长出漂亮的松树。

后来,我又请了一个测量员把50亩土地分成10块。

这时,我可以开始销售了。我收集了几份本市经理人员的名单,开始直接销售。我在信中指出,每亩地只需3000美元,即只相当于一栋小公寓的价钱,并且同时指出它对于娱乐和健康方面的好处。

虽然我只在晚上和周末时间推销,但不到6个礼拜,这10块土地就统统都卖了出去,共收到3万美元。然后,除去土地成本和卖土地期间所花的费用,像广告、测量费以及别的开支,我一口气就赚了19600美元。

由于常常接近'有识之士的各种创见',我才能大大地赚上一笔。假如当初我这个外行人没有参加房地产俱乐部的午餐会,就永远也想不出这个计划了。"

04 思考致富的第四步:信心

每当你相信"我能做到"时,自然而然就会想出"如何去做"的方法。

人人都想成功,人人都要致富,人人都想获得世界上最美好的事物。没有人会喜欢巴结别人,过着平庸的生活;也没有人喜欢自己被迫进入某种情况。

《圣经》告诉我们,最实用的成功经验是"坚定不移的信心能够移山"。可是,真正相信自己能够移山的人并不多,因此,真正做到"移山"的人就少之又少。

但是,只要有信心,你就能移动一座山。只要相信自己能成功,你就会赢得成功。

那么,到底什么是信心?

有方向感的信心,可令我们每一个意念都充满力量。当你拥有强大的自信心去推动你的创富车轮时,你就可以平步青云,无止境地攀上成功之岭。

为什么信心有这么大的魔力?

信心是心灵的第一号化学家。当信心混合在思想里,潜意识就会立刻接受这种震撼,把它转变成等价的精神力量,传递到无限智慧的领域里……促成致富思想的物质化。在人类的主要积极情绪中,信心、爱和性欲三者的威力最大。当这三种情绪混合在一起之后,它们会使意念在你的潜意识里更快更强地发挥力量。

许多人都会有这种错误的认识:"有成就才有信心,没有成就自然没有信心。"这简直是大错特错!

羊皮卷

有一天,一名流浪汉来到我的办公室,要求与我谈谈。我放下手头上的工作,抬起头来和他打了个招呼。他说:"我到这儿来,是想见见这本书的作者。"说着,他从口袋里拿出一本名为《自信心》的小书,那是我许多年以前所写的。他继续说道:"一定是命运之神在昨天下午把这本小书放入我口袋中的,因为我当时已决定跳入密歇根湖了结此生,但还好我看到了这本书,它给我带来勇气和希望,并支持我度过昨天晚上。我已下定决心,只要我能见到这本书的作者,他一定能帮助我再次站起来。现在,我来了,我想知道你能替我这样的人做些什么。"

在他说话的时候,我把他从头到脚地打量了一遍,我不得不承认,在我内心深处,我并不相信我能替他做些什么。他眼中茫然的神情、脸上沮丧的皱纹,他身体的姿势,脸上十多天来未刮的胡须,以及他那紧张的神态,完全向我展示出,他已经无可救药了。

但是,我不忍心对他这样说,因此,我请他坐下来,要他把自己的经历完完整整地告诉我。他说得很详细,大致内容是这样的:几年前,他把自己的全部财产投资在一种小型制造业上。1914年,第一次世界大战爆发,他无法取得他的工厂所需要的原料,因此他的工厂只好破产倒闭。金钱的丧失,使他大为沮丧,于是,他离开了妻子儿女,成为一名流浪汉。但是,对于这些损失他一直无法忘怀,而且越来越难过,到最后,他想到了自杀。

第五章 思考与致富

听完他的经历后,我对他说:"我已经以极大的兴趣听完你的故事,我也很希望我能对你有所帮助,但事实上,我却没有能力帮助你。"

他的脸立刻变得苍白无力。他低下头,喃喃地说道:"这下完蛋了。"

过了几秒后,我接着说道:"虽然我没有能力帮助你,但是,我可以介绍一个能够帮助你的人,他可以协助你东山再起。"我刚说完这几句话,他立刻跳了起来,抓住我的手,说道:"请看在上帝的分上,带我去见一见这个人吧。"

他会为了"上帝的份"而做此要求,这实在是很令人鼓舞的。这表示,他的心中仍然存在着一份希望。所以,我带引他来到我的实验室里,和他一起站在一块看起来像是挂在门口的窗帘布前。我把窗帘布拉开,露出一面高大的镜子,从这面镜子里,他可以看到他的全身。随后,我用手指着镜子说:

"我答应介绍你跟他见面,就是这个人。在这世界上,只有他能够让你重新站起来。不过,你必须安静地坐下来,好好地看清他,彻底地认识他。如果你不充分认识这个人的话,对于你自己或这个世界来说,你都将是个没有任何价值的废物。"

他朝着镜子向前走了几步,用手摸摸他长满胡须的脸孔,对着镜子打量了半天镜子里面的人,然后后退几步,低下头,开始哭泣起来。我知道我的忠告已经发挥了功效,便送他离去。

几天后,我在街上碰见了这个人,我几乎都认不出他来。他的步伐轻快有力,头抬得高高的。他从头到脚打扮一新,看上去很成功的样子,而且他也似乎有此感觉。

他解释说:"我正要到你的办公室去,把好消息告诉你。那天我离开你的办公室时,还只是一个流浪汉。但是,虽然我外表落魄,但我仍然找到了一份年薪3000美元的工作。试想一下,一年3000美元呢。我的老板还先预支了一些薪水给我,要我去买些新衣服,还让我先寄一部分钱给家人。现在,我又踏上成功的道路了。

"我正要前去告诉你,将来有一天,我还要再去拜访你一次。我将带

111

去一张支票,签好字,收款人是你,但金额是空白的,由你来填写。因为你介绍我认识了自己,如果不是你把我带到大镜子面前,让我彻底地认清自己,也许,我现在还晕晕沉沉,一蹶不振呢。"

那人说完话,转身走入芝加哥拥挤的街道。这时,我突然发现:在从来不曾发现"自我"价值的那些人的意识中,原来隐藏了伟大的力量和各种潜能。

关于信心的威力,并没有什么神奇或神秘可言。信心起作用的过程是这样的:相信"我一定能做到"的态度,产生了能力、技巧与精力这些必备条件,每当你相信"我能做到"时,自然而然就会想出"如何去做"的方法。

每一天,全国各地都有不少年轻人开始新的工作,他们都"希望"能登上更高阶层,享受随之而来的成功果实。但是,他们中的绝大多数人并不具备必需的信心与决心,因此,他们也就无法达到胜利的顶点。也因为他们相信自己达不到,以致不去寻找登上巅峰的途径,他们的作为也一直只停留在一般人的水平。

但是,也有一些人真的相信他们总有一天能够成功。他们抱着"我就要登上巅峰"的积极态度来进行各项工作。这批年轻人认真研究高级管理人员的各种作为,学习成功者分析问题和作出决定的方式,并且留意他们如何进退自如。最终,他们凭借着坚强的信心达到了目标。

我认识一位年轻妇女,她在两年前决定代理销售活动房屋。当时,很多人都劝诫她不应当这样做,说她不可能做得好。

当时,她只有3000美元的积蓄,而别人告诉她从事这一职业最低的资本投资额也是她积蓄的许多倍。

"你看现在的竞争多么激烈!"她的顾问这样忠告她,"此外,你在销售活动房屋方面又没有多少实际的经验,业务管理那就更不用提了。"

但是,这位年轻的女士对自己充满信心。她承认自己目前确实缺少资金,竞争也非常激烈,而且她也缺乏经验。

"但是,"她接着说,"根据我所收集的资料可以看出,流动房屋这个行业正在扩展。我也彻底研究了我可能遭到的竞争。我知道我在销售方面没有太多的经验,我也预料到了自己可能会犯的一些错误,但是,我会积极进取,很快赶上别人的。"

结果,她真的做到了。她那坚定不移的信心赢得了两位投资者的信任,也使她获得了几乎不可能的优惠——一家活动房屋制造商同意在不需要现金的条件下,给她供应某一限量的存货。

第一年,她卖出了100多万的活动房屋。

第二年,她说:"我预计要超过200万。"

在每一个成功者或巨富的背后,都有一股巨大的力量——信心在支持和推动着他们不断向自己的目标迈进。所以,拿破仑·希尔曾经这样说道:"信心是生命的力量,信心是奇迹,信心是创立事业之本。"

拜雅的故事

有一个名叫拜雅的小孩子,他出生后不久,医生就告诉他的父亲,拜雅将会是一个终身聋哑的人。

拜雅的父亲悲痛极了,但他不愿接受这是一个无法改变的事实。在最绝望的时候,他依然时刻谨记大哲学家爱默生的名言:"生命教导我们怀有信心。无论任何情况之下,只要我们肯去聆听心灵的'声音',它都会指引我们,带领我们行走正确的道路。"

拜雅的父亲决定竭尽全力使他的儿子脱离终身聋哑的状况。他这个强烈的愿望,"一秒钟也没有退却过"。他用祈祷的方式,时常对着自己怀中的儿子,用"心传心"的方式,将自己的愿力、自己的信念,传递进儿子的幼小心灵。

这种不肯向逆境低头的信念,渐渐地产生了一个小奇迹。这位父亲写道:

"当拜雅逐渐长大,开始对周围的事情产生兴趣时,我们发觉他竟然有轻微的听觉……虽然他没有说话的迹象,但这个发现已经给予我们莫大的希望。"

不久,更大的奇迹开始出现了:

羊皮卷

"我们买了一部留声机。当拜雅第一次听到音乐时,他几乎是完全陶醉在音乐的旋律里。很快,他就把这部机器独占了。之后,我们又发觉一个奇怪的现象:小拜雅把一张唱片连续放了两个多小时,而他就站在留声机前面,痴痴地用牙齿咬着留声机箱子的边缘上。"

这个就是"骨头引导"声音的原理:小拜雅是利用牙齿与留声机的接触去"导引"声波来"欣赏"音乐。

小拜雅拥有留声机之后,他的父亲发觉如果他用双唇碰触着孩子的乳突骨(按:乳突骨 MASTOID 在耳后头盖骨的基部。)说话,小拜雅是听得懂语言的!如此,拜雅也开始有了正常的语言能力,虽然他的听觉仍然有着障碍。

后来,拜雅的父亲又开始使用心灵的方法引发儿子说话的欲望。他在儿子睡前,叙说许多关于信心、想象力和如何改变自己命运的故事,让小拜雅觉得自己是一个正常而奋发的孩子。这位父亲写道:

"拜雅7岁的时,第一次表现出我们对他的"输入程序"是奏效的;一连几个月,他要求到外面去卖报纸,但是对于他的要求,他母亲始终不肯同意。

到最后,他就决定自己一个人去做这件事。某天下午,当仆人跟他一块儿留在家里的时候,他偷偷地通过厨房的窗户,手攀脚缠地爬到外面,开始了他的事业。他从隔壁的鞋匠那里借了6美元作为资本,然后把这些钱全部投资在报纸上,卖光后,把本利一起再投资,这样循环反复地卖下去直到晚上,最后,把款项清点,偿还了借来的6美元后,小拜雅净赚42美元。我和太太晚上回家时,发觉拜雅已经躺在床上睡觉了,手里还紧紧地握着赚来的钱。

他的母亲掰开他的手掌,把钱币拿开,伤心地哭了起来。这又为何呢?她实在不该为儿子的第一次成功而哭泣。相反的,我则心满意足地笑了,因为我知道自己努力种植在这孩子心灵里的那颗自信心的种子已经开始萌芽了。

他母亲看到的是儿子的第一次商业冒险——一个耳聋的小孩到外面

的大街小巷上去冒着生命危险赚钱；我看到的则是一个勇敢、有抱负、满怀自信的小商人——他自发性地投资而又取得胜利。"

后来，拜雅一步步地完成了小学、中学和大学的课程。除非他的老师对他大声喊嚷，否则他是无法听到老师的声音的——他是在一种极受限制的封闭式范围内求学。拜雅不肯读聋哑学校，他的父母也不同意他学习手势语言。他的父母觉得他应该像正常的孩子一样，过正常的生活，虽然这种决定令他们时常要和学校的人员争辩。

当拜雅上高中的时候，曾试用过一种电子助听器，但对他没有多大作用。然而，在拜雅大学毕业前的一个星期，发生了一件极其重要的事情，这件事彻底改变了他的一生，成为他生命中的转折点。

一间工厂送给拜雅一个电子助听器，作为实验用。令人惊喜的是，当拜雅把它戴在头上，接通电路时，突然之间，他好像被神秘力量击中那样。他一生不断追求的愿望终于实现了：他第一次像其他任何人一样，有了正常的听觉！

由于这部助听器给他带来了梦寐以求的转变，拜雅欣喜若狂，他立即冲向电话机，打电话给母亲，清清楚楚地听到了母亲的声音；第二天上课时，他能明白地听到教授的声音了，也能够无拘无束地与同学交谈了！

对于一个普通人而言，聋而复听已是一件无比美好的事情，也算是一个完美的结局。但拜雅自幼在受到父亲的熏陶，明白自信、创造性与分享的重要，因此，他决定立刻将这个"克服残障"的过程变为一种资产。

拜雅写了一封信给助听器的制造商，很兴奋地叙述他的经验。他的热诚令制造商大为感动，他们热情邀请拜雅到纽约的公司去参观工厂，和管理阶层及工程师商谈。

这个过程当中，一个极具创造性的念头在拜雅的脑海中产生了。他要求制造商安排他到世界各地去接触那数以万计的聋人，将自己的经历与大家分享，让他们能够借着这新发明，重新过上正常人的生活。

拜雅用了整整一个月的时间，透彻地分析了这款助听器制造商的销售系统，并想办法与全世界听力有困难的人士取得联系。为了要跟他们

羊皮卷

一起来分享这个使聋人恢复听力的发明,他草拟了一个两年的宣传推广大计,并获得制造商的大力支持。

以后的日子,拜雅为成千上万的聋人带来了希望,也为他自己创造了一番事业,获得了非常可观的财富。

拜雅的由聋复听,并因过往的残障而获"分红",就是他的父亲持着"信心"这一条致富之钥为大家作出的"无形锁打开黄金库"的"公众表演"。

回顾拜雅的人生历程,这一位伟大的父亲总结道:"信心加上愿力,任何理想都可成为现实;这些人类心灵可以拥有的品质都是免费的!"

摩根的故事

1909年的一天,我带着导师安德鲁·卡耐基的介绍信,前往纽约的华尔街去拜访这条街的教父——银行大王皮尔庞特·摩根。摩根被称为银行家的银行家,不仅拥有庞大的银行业,而且也是铁路业的霸主,这个巨大王国像章鱼一样,把它的触须伸向一切其可以伸向的行业。

皮尔庞特·摩根和钢铁大王安德鲁·卡耐基是同时代的人,他们之间相差一岁。在早期创业发展中,他们曾为争夺商业利益而一度成为对头。但后来,为了在钢铁业上获得丰富的利润,他们又开始携手合作而成为朋友。

我在《成功法则》一书中,叙述了我去拜访这位华尔街大亨时的心情,当时,我是怀着忐忑不安的心情向华尔街走去的。你知道,那时的我只是一个初出茅庐的学生,而我要拜访的人却是一个富可敌国的大佬。

这时,我得知摩根要在他的书房亲自接见我,并且答应我见面时间可以延长。我不知道自己为什么会受到如此高的礼遇,当时我想,可能是卡耐基在此之前已经通知过摩根。

当我走进摩根豪华书房的东厅时,简直要被眼前的景象惊呆了,胡桃书橱用黄金、珐琅和象牙装饰得流光溢彩。这里可是摩根召集纽约大银行的总裁们制定各种政策的地方。

对于我关于建立成功学的设想,摩根表现出了极大的兴趣,他说一个年轻人就应该具有远大的抱负。在这之后的许多年里,摩根成为我的成功学的有力支持者。

摩根并没有先跟我谈论自己的成功史,而是先讲述了他祖父约瑟夫·摩根早年创富的一个故事。

大约在 1600 年,摩根家庭的祖先从英国迁移到美洲。到了皮尔庞特的祖父瑟夫·摩根的时候,他卖掉了马萨诸塞州的农场,来到哈特福定居下来。

起初,约瑟夫一家靠经营小咖啡馆为生,同时还卖些旅行用的篮子。如此苦心经营了一些时日,逐渐赚了些钱,就出钱盖了很有气派的大旅馆,他还买了运河的股票,成为汽船业和地方铁路的股东。然而,使他赚了大钱的,还是保险业。

1835 年,约瑟夫投资了一家名叫"伊特那火灾"的小型保险公司。哈特福尽管是全美保险业的发祥地,但当时的保险公司的数量屈指可数,仅仅只有几家。当时,投资并不需要现金,只要在股东名册上签上姓名即可。投资者在期票上署名后,就能收取投保者交纳的手续费。只要没有火灾,这无本生意就稳赚不赔。出资者的信用就是一种资本。

然而不久,纽约发生了一场特大火灾。

投资者一个个面色惨白地聚集在约瑟夫的旅馆里,急得像热锅上的蚂蚁。

很显然,不少投资者没经历过这样的事件,他们惊慌失措,愿意自动放弃他们的股份。约瑟夫通通买下了他们的股份,说:"为了付清保险费用,就算把这间旅馆卖了我也在所不惜。但是,我有个条件,下一次签约时必须大幅度提高手续费。"

成败与否,全在此举,一位朋友也想冒这个险,两人凑了 10 万元,派代理人到纽约处理赔偿事项。

从纽约回来的代理人带回了投保者的现款,这钱是新的投保者付的比原来高出一倍的手续费。"信用可靠的伊特那火灾保险"已在纽约名声大振。

羊皮卷

这次火灾后,约瑟夫·摩根净赚15万美元。

摩根对我讲道:"成功地创造财富,是我们摩根家族的传统,但这种传统不是先天遗传而来的,因为没有人一生下来就懂得创造财富,而是后天培养出来的,这种后天培养包括的范围就太广了。具体地讲:一个人要想获得成功,必须具备积极的人生态度,持之以恒的勤奋和充满自信的心态。还有最重要的一点就是不要惧怕失败,正所谓失败是成功之母,它会教你如何取得最后的成功。"

皮尔庞特·摩根年幼时,他的父亲还只是一个一般的商人。后来家境渐渐富裕起来,他在中学毕业之后,就被送往德国开始新的学习。

摩根毕业回国时,他父亲已经拥有巨资,可以提携他做生意。但是,年少的摩根性喜独立,决不依靠父亲。那时,他时常这样说道:"不错,我是吉诺斯·摩根的儿子,但我并不想依靠父亲功成名就,我要成为一个独立的奇男子。"

于是,摩根不凭借父亲的实力,进入纽约的达卡西玛银行实习,从低级职位做起,学懂了国际间的复杂贸易关系和世界金融的微妙趋势。

摩根最为津津乐道的事迹就是:1900年12月12日,他接受一个名叫查尔斯·施瓦布的人的建议,说服钢铁大王卡耐基将他的公司出售,又和7家制钢公司订立合同,成立了工业史上最庞大的大钢铁托拉斯,手下的员工足有25万人之多!

通过摩根的经历,我们可以感觉到:信心的力量在成功者的足迹中起着决定性的作用,要想事业有成,就必须拥有无坚不摧的信心。

爱迪生相信他已经找到方法,能够用机器录下人类的声音,然后播放出来。他把构想用铅笔画成一幅草图,找到一位模具师傅,叫他按图制作模型。

模具师傅仔细看了草图之后说:"不可能!这玩意儿根本就不能用。"

"你为什么判断它不能用?"爱迪生问。

"因为迄今为止,还没有人做过会说话的机器。"模具师傅回答。

如果爱迪生接受了这个说法，可能就会放弃制作留声机的念头。但是他不这么想。

"照这张草图把模型做出来，"爱迪生坚持，"如果不能用，我就认输。"

支持自己的理念，有信心依照计划行事的人，与一遇到挫折就放弃的人相比，更具有优势。

模型完成，第一次测试就成功了，这让模具师傅大为惊叹！

缺乏自信、妄自菲薄的人永远也不会成功，而成功只偏爱那些了解自己要什么，坚持到底，拒绝接受"不可能"的人。

相信"能"的人就会赢。

有一位全美国顶尖的保险业务经理，要求所有的业务员，每天早上出门上班之前，先在镜子前面站上 5 分钟，认真地看着自己，并对自己说："你是最优秀的寿险业务员，今天你就要证明这一点，明天也是如此，一直都是如此。"经由这位业务经理的安排，每一位业务员的丈夫或妻子，在他们出门上班之前，都会以这样一段话来向他们告别："你是最棒的业务员，今天你就要证明这一点。"

相信会成功，是所有伟大的著作和科学新发现背后的动力；相信会成功，是那些已经成功的人所拥有的一项基本而绝对必备的要素；相信会成功，就会使你有能力获得成功。

许多在各种职业中失败的人在谈及他们的失败时，他们总会找出各种各样的理由和借口，比如他们会无意中说："老实说，我原来就不认为它会行得通。"或"在开始前，我就感到不安了。"或"事实上，我对这件事情的失败并不觉得太惊奇。"

他们大多都采取"我暂且试试看，但可能不会有什么结果"的态度，结果最后导致了失败。

"不相信"是一种消极的力量。当你心里不以为然或怀疑时，就会想出各种理由来支持你的不相信。怀疑、不相信、潜意识要失败的倾向，以及不是很想成功，都是导致失败的重要原因。

心存怀疑,就会失败。

相信胜利,必定成功。

人类是自己思想的产物。所以,我们应当以高标准来要求自己,提高自信心,并且执著、认真地相信必能成功。

几年以前,当我在底特律城对一群生意人演讲完毕后,有一位绅士跑来和我交谈,他作了自我介绍后接着说:"你的演讲使我受益匪浅。能不能耽误你几分钟的时间,我想跟你讨论一下我的亲身经历。"

几分钟以后,我们坐在一间舒适的咖啡店里。

"我有一段亲身经验,"他开始说,"这个经验与你今天所谈到的'让你的思想替你做事,而不是与你唱反调',有很密切的关系。我从未对任何人讲过,我是如何从平凡的世界中解脱出来的,但是我却十分乐意告诉你。"

"我也非常愿意知道。"我说。

"那是5年前,我在做工具模型的工作,与一般人相比,我的生活还算不错,但是离我想的水平还相差甚远。我的房子太小,也没有钱购买我们需要的各种东西。上帝保佑,我的太太并没有太多的怨言,但是很明显,她的态度只是认命而已,并不是真正的快乐。我的内心渐渐感到不满。当我感到我是怎样地辜负了我的太太与两个孩子时,就感到非常痛心。"

"但是,今天与过去完全不同了。"那位朋友继续说下去,"现在,我们已拥有一幢坐落在两英亩土地上的漂亮新居,以及一栋距离此地几百余里的度假别墅。我们无须再为能否让孩子进好的大学而担忧;我太太也不再因买不起新衣服而有厌恶感。明年夏天,我们全家将飞往欧洲去度一个月的假期。你看,这才是真正的生活啊。"

"这一切是怎么发生的呢?"

"就像今晚所说的,我'运用信心的力量'成就了这一切。5年前,我得知底特律一家工具模型公司有空缺,当时我们虽然住在克利夫兰,但我还是决定去试试看,希望能够多赚点钱。星期一面试,我星期日晚上就提

第五章 思考与致富

前到达了底特律。

晚餐后,我坐在旅馆的房间里,不知道为了什么,我突然对自己产生了厌恶感。我问自己:'为什么我只是一个中产阶级的失败者呢?为什么我只是试图找一份只能向前跨一小步的工作,而不去找一个能大步跨出这窠臼的路子呢?'

直到今天,我仍然弄不清楚到底是什么因素促使我这样做。我找来一张旅馆的信纸,在上面写下几年来我所熟知的五位朋友的姓名,他们目前的成就都远远超过了我;接着,我再问自己:'除了较好的工作以外,这5位朋友有些什么素质是我所没有的?'我将自己的智商与他们的作了比较,实在找不出他们有什么比我聪明的地方。我也无法违心地说,他们的教育程度或操行都比我强。

最后,我终于找到了他们成功的法宝,就是这个老生常谈的词——干劲儿。我很不愿意承认这一点,但是我不得不承认,我的经历指出我在这方面比我那些成功的朋友差得太远了。

这是我第一次了解自己的弱点,原来我一直畏畏缩缩地活着,没有雄心壮志,在平庸中越陷越深。我更深入地探讨自己,发现我缺少干劲儿的原因,就是我并不认为自己很有价值。

下半夜,我就一直坐在那儿反省,从什么时候起,缺乏自信开始支配着我的一切。我发现我简直是在廉价地出卖自己,总是一味地自责'为什么我不行',却不问'为什么我行'。我发现这种自贬的倾向在我所做的每一件事情上都显示了出来。那天晚上,我才渐渐地明白,除非我先相信自己,否则不会有任何人会相信我。

就在那时候,我立刻决定,不能再认为自己是二流的,不能再廉价地出卖自己了。星期一早上,我仍保持这份自信。面试中,我首次试验我新发现的自信。就在前两天,我所希望的无非是比现在的薪水多750美元甚至1000美元而已。但是,现在,我已认清自己确实很有价值,便将数目提高到3500美元,结果,我得到了。凭借着在那个自我分析的不眠之夜的神奇,我成功地把自己销售了出去。

121

羊皮卷

获得这份工作以后的两年内,我建立了善于争取订单的声望。而后碰上经济萧条,这使我变得更有价值,因为我仍能巧妙地争取许多订单。公司重新改组时,我获得了相当数量的股票,以及更高的薪水。"

自信这一信念,是由习惯性占据着你心中的想法而产生的。如果你一心只想你会失败,那无论如何,你都会觉得自己已经输了。反之,如能不时保持充满自信的心理,把这种想法变为一种习惯,那么,无论发生什么困难,你都会坚信自己已经具有能够克服困难的能力。

贝西尔·金曾说过:"你要勇敢!只要有胆识,就会有强大力量来协助你。"

爱默生也说过:"相信'能'的人就会赢。"总之,无论做什么事,你都要笃信信心与信仰,如此去做,很快你的恐惧心、不安全感自会对你丧失效力。

请切记一个秘诀——用自信和安全感来填充你的心,这就是扫除疑虑、去掉欠缺信心的最佳办法。

皮尔博士曾建议一名长期被不安和恐惧感所纠缠的人,不仅要细读名人名言录,还要将有关勇气与信心的每一句话,都用红色笔划出线来。

于是,这个人便照皮尔博士的话去做,并把那些划红线的句子牢记在心,最终,他拥有了世界上最健康、最有力的思考观念。

这种转变,使他从萎缩的绝望状态中脱离出来,变成一个富有刚强毅力的人,而且在短短的几周内,即由一个全然的失败者变成一位拥有坚定信心的勇敢者。

他已经具有充分的勇气和魅力了。他单凭着改变观念这个做法,就挽回了自我和对自己能力的信心。

05 思考致富的第五步：激励

没有激励，人就会缺乏干劲，更不可能积累起冲劲，成为一代富豪。但如果一个人不停地受到激励驱动，他就能永远保持前进。

激励是最值钱的本事。激励不但能成就一代富豪、一代成功人士，而且还能创造奇迹。

有一次，福特受邀赴麻省理工学院进行演讲。因为听众都是顶尖的管理精英，因此福特特意好好地准备了一番，而且带了很多备用资料。结果，出乎福特的意料的是，这些高手问的都是有关激励方面的问题。有一位听众甚至这样问道："您是福特汽车公司的总裁，今天您来到这里作演讲，那在公司里的那些主管该由谁来激励呢？"

的确，激励是必须做的，而且是必须定期做的事。

如今，当一家公司的业绩滑落，或工作人员流动率太高，或产品的品质不佳，或缺乏团队精神时，公司主管最先想采取的行动多半是裁员或减低开支，再不然就是设法提高薪资，改善福利。

其实，他们真正该做的是问问自己：我们做了哪些激励员工的工

羊皮卷

作呢?

美国专业经理人中第一位年薪超过100万美金的人舒瓦兹是钢铁大王卡耐基聘用的总经理,他认为卡耐基之所以肯用100万美金来聘请他,主要是因为他有一个最值钱的本事,那就是——他最会激励他人。

父母经常激励孩子,这一点我们是从托马斯·爱迪生和他的母亲那儿认识到的。旁人对于一个小孩的信心能使这个孩子信任他自己。当这个孩子感觉到他是完全沉浸在温暖而可靠的信任中时,他就会干得非常出色。他不会费尽心机地去保护自己免遭失败的伤害,相反,他将全力地探索成功的可能性。他的心情无比舒畅。信任已经大大地影响了他,使他把自己内在的最美好的东西发挥出来。

现代成功学大师拿破仑·希尔在这方面也有亲身的体验。关于这一点,他曾这样说过:

当我还是一个小孩时,我被认为是一个应该下地狱的人。无论什么时候出了什么事,诸如母牛从牧场放跑了,或是堤坝破裂了,或是一棵树被神秘地砍倒了,人们都会怀疑:这是小拿破仑·希尔干的。

而且,所有的怀疑竟然都还有什么证明!我母亲死后,我父亲和弟兄们都认为我是个行为恶劣的坏孩子。有一天,我的父亲突然宣布:他即将再婚。我们大家都很担心我们的新"母亲"会是哪一种人。我本人更是断然地认为,即将来我们家的新"母亲"是不会给我一点同情心的。这位陌生的妇女进入我们家的第一天,我父亲站在她的后面,让她自行对付这个场面。她走遍了每个房间,很高兴地问候我们每一个人。当她走到我面前时,我直立着,双手交叉着叠在胸前,凝视着她,我的眼中没有丝毫欢迎的神情。

我的父亲说:"这就是拿破仑·希尔,是希尔兄弟中行为最坏的一个。"

我绝不会忘记当时我的继母对我所说的话。她把她的双手放在我的两肩上,两眼闪耀着光辉,直盯着我的眼,她使我意识到我将永远有一个亲爱的人。她说:"这就是最坏的孩吗? 完全不是。相反,他是这些孩子中最伶俐的一个,而我们所要做的一点,就是把他所具有的伶俐品质挖掘出来。"后来,我的继母总是鼓励我根据自己的意愿制订大胆的计划,坚毅地前进。事后证明这种计划就是我的事业支柱。我决不会忘记她对我的教导:"当你去激励别人的时候,你要使他们有自信心。"

也许有人会说,像我这种行为恶劣的人居然能成为成功学的始祖,但这就是事实。我的继母造就了我,因为她对我的深厚的爱和不可动摇的信心,激励着我努力成为她相信我能成为的那种孩子。

由此可见,只要深谙激励之道,谁都可以铸就富豪,而且还可以创造奇迹,造就人才。

原来激励是那么具体,那么有价值的;激励是能看到他人的长处、优点,能留意他人做得好的表现或成就,然后真诚地、具体地告诉他。

然而不幸的是,多少人往往看到的都是他人的缺点、短处;多少人即使看到了优点也不愿赞美,也不肯感谢。

人类需要激励

人类一切美好的东西都来自太阳之光。没有太阳,花就不能开放;没有爱情,人类就没有幸福;没有母亲,世间就没有诗人和英雄。而激励就犹如财富的太阳、爱情、母亲一样。

现在,人们似乎希望每一种外力可以促使自己和周围的人朝着预定的方向前进。但是,凡是由外力促成的行为,都不可能长久。这就像一辆汽车,有时有汽油有时没有。汽油用完了,汽车要人推才能走,如果不推,汽车马上就会失去动力,接着便会停下来。但如果油箱中的汽油是常满的,那么,车内的发动机就能不停地驱动汽车前进,几乎没有尽头。

人和激励的关系也是如此。没有激励,人就会缺乏干劲,更不可能积累起冲劲,成为一代富豪。但如果一个人不停地受到激励驱动,他就能永远保持前进。

激励是一种力量,这股力量可以促成满足需要的行为。这个词汇的意义可以是正面的、也可以是负面的,造成的结果可能是成功,也可能是失败。当我们提到激励一词时,各位的脑海中也许会马上浮现这样的画

羊皮卷

面:也许教练推心置腹地给队员们来一段激昂的谈话;也可能是销售经理灵光闪现想出推销手法;就连马拉松好手也可能在寒冷的天气里按捺不住,动身来个长跑训练。然而,激烈所成就的并不一定就是正面而积极的英雄事迹。

"警方还在推测歹徒作案的动机",你常听到这句话吗?的确,每个人都会被不良动机诱导干出坏事,比如,有人被引诱犯罪、反抗公民权力、追杀劲敌、图谋复仇之道,这是人类动机黑暗的一面。然而,不论正反哪种说法,激励所起的作用都是一样的。

激励是一种能激发我们作出抉择并从事行动的强烈而复杂的力量,它本身不是一种看得见的现象,而是隐藏在行为背后起推动作用的要素。我们的行为背后存在许多可能的动机,比如,一个男人拼命运动的动机就可能有好几种动机:可能是为了健美,可能因为自己有心脏病或是压力太大,可能因为这样可以增加他的社会化,可能他是为了减肥,可能因为他想吸引异性……也可能他就是单纯地喜欢运动。

其实我们能够看见的并不是这个男人的动机,而是动机的行为和结果。了解行为背后的原始动机,是激励任何人(包括你自己)的关键。试想一下,如果你是一名健身房的教练,一位年轻女子款款朝你走来,要你帮助她设计一套运动计划。如果你不知道她来运动的真正目的是什么,那么,你设计出来的计划是很难令她持之以恒的。如果她是为了使自己具有马拉松长跑的能耐,你却给她安排密集的举重训练,那她一眼就可以看出你那套"伟大计划"实在与她的目标扯不上任何关系。所以,了解她的目标是刺激她达到结果的绝对条件。

激励行为的内在需求可以分成两个层次:生存和成就。生存需求包括安全、营养、庇护和繁殖,这些基本条件达到了,我们每天的身体需求也就得到满足了。一旦生存需求满足了,我们就会开始关注其他的需求,比如成就感、精神满足感、个人成长和自我价值。因此,我们要激励别人,就是得从高层次的情绪与精神需要入手。

激励别人的关键,是了解这个人在什么时候最需要的是什么。激励的力量并非放诸四海而皆准,它是主观的,在不同的时刻会产生不同的结果。今天可以有摧枯拉朽的激励要素,或许明天就会空泛而无用。

激励又分为两种:一种是自我激励,另一种是激励他人。

无论是自我激励,还是激励他人,只要方法得当,我们都能成为一代富豪。

激励的基础

简而言之,激励是建立在动机与诱因的基础上的。动机是自己的欲望或需要,而诱因是一种回报的形式,如果诱因与动机相符合,那这种回报就会变成一股激励的力量。

比如,如果你要减肥,你心里可能会期待在试新装时可以试穿小一点的尺码。如果你喜欢逛街买衣服,那这个诱因对你将是莫大的鼓励;但是,如果你并不特别时髦摩登,这招对你恐怕就不管用了。

当做一件事所得的报偿跟行为本身的动机相辅相成时,激励的力量会发挥到最大。诱因本身只有具有相当的吸引力,才能让人忍受得住追求的过程中可能造成的损失。完成目标的快感和随之而来的附加价值,会带给你前所未有的坚毅力量。

当我们的心中对诱因已经有先入为主的看法时,不同的人面对相同的诱因刺激就会产生不同的反应。举个例子来说,如果有一个汽车代理商做了新车优惠广告,并不表示城里每个人都会贪念便宜向他买车;每个潜在客户一定要具备一个对应的动机——他或她至少得想要买一部新车才行。单单诱人的奖品是不能激励人们做出行动的。每一天,我们都被数以百计的诱惑所引诱着,然而,我们只对那些和我们内在动机相符的诱因付诸行动。

往往,奖励的价值并不在奖励本身,而在于拥有奖励的精神满足感。如果做家事可以得到一张笑脸贴纸的话,那么,小男孩也会因此而乐于做家事。贴纸本身并没有太大的价值,但爱和认同感对他的意义却是无价的。

内在奖励与外在奖励

可以激励人们行动的奖励分为两种:内在奖励与外在奖励。内在奖

127

励是指那些无形的感觉,比如快乐、认同、满足、爱、理解等。内在奖励的激励效果最持久、最强烈,因为这些条件需要积极的情绪能量资源,因此,内在奖励也是最不容易出现的。

外在奖励是指用来激励我们的最具体的实物,包括金钱、奖赏、升级和赠品。要给外在奖励是很容易的,并且是有力的即时刺激源。但是,它也有一定的缺点。它会让人上瘾,一旦你是被外物所驱才做出行动的,下次你就会期望这个奖励出现才肯行动了。更糟糕的是,当那些好处已被用尽,你可能会开始期望以相同的努力得到更多的奖赏。

不同的条件是否可以造成激励的作用,常常跟一个人的社会化及经历有关。大部分成人是受金钱的驱使而从事工作的,因为他们知道这可以兑换成等值的物品。实际上,钞票本身与其他纸张没有什么不同,只是长期社会化的结果,我们已经变得见钱眼开,认为有钱就有了一切。如果你要测验一下这种说法,可以先把10元纸钞给一个1岁孩子看看,他可能为了好玩而把钱撕得粉碎,再把10元纸钞给一个7岁女孩看看,她肯定会拿着钱跑向玩具店。

刺激的结果会在脑子里留下深刻的印象,我们会把生活中失败的经验转换到另一段生活中去。比如,一个年轻男士在工作上一再失败后可能会排斥返校进修,因为他觉得这只不过是再添一桩失败的记录罢了。虽然他的失败可能是因为他在训练方面有所欠缺,但他仍不愿因此前去受教,因为他已经把跟工作有关的事情和失败画上等号了。

激励与诱骗

通常,激励和诱骗两者之间的界线是很模糊的。诱骗是指欺骗某人去做他不应该做的事;激励则是鼓励某人去做他应该做的事,只是他迟迟还未开始或很难独立完成。当你激励某个人去做某件事时,你是依循他本来就有的欲望而加以引导的。但当你耍手段想让一个人去做某件事时,你就是不怀好意对他设计了一个错误的欲望。

让我们举例来说明,假设有这么一支棒球队,教练深知某个球员具有成为世界一流球员的潜力,但他却没有发挥出最大的潜力。虽然训练的时候他也在练球,对教练的指示也言听计从,可是心里还是缺少全力发挥的情绪。他非常苦恼,但是不知道该如何改善球技。

激励这名球员时,教练先给他树立几个训练目标,还表明如果他能在四周之内达到目标,那他就可以做先发球员。这是一个激励的实例——球员想做努力,而教练也提供必要的方向和奖励予以辅助。

再者,又有一支球队,与前支球队正好相反的是,教练平时并不在意球员,也不予以鼓励。他还特别讨厌某个明星球员,他们从未和平共处过,教练想尽了办法要让他滚出球队。于是,这位教练就去怂恿一位表现尚可的二线球员,跟他说只要努力训练,就可以站在先发球的位置。此外,他还编了个谎,说那位明星球员在背后说他的坏话。

这样一来就激怒了这位二线球员,还让他萌生成为明星球员的复仇之念。于是,他开始处处针对那位明星球员,或者藏起他的运动配备,或者让他训练迟到,或者开始散布有关他的流言,或者在球赛中干扰他的打球注意力。一旦这位明星球员在出场时表现失常,教练就抓住机会把二线球员换上去,而这正是教练的初衷。

由此可见,工于心计的诱骗手段是负面的激励形式,一旦这两名球员明白了教练对他俩的所作所为,他们就会毫不犹豫地背叛他。因此,这种方式只能在情势不妙时让状况暂时好转而已,长时间下来情况只会更糟,不会更好。

以下词汇含有耍手段的诱骗意味,因此也是负面的激励:

愤怒　　　背叛　　　控制
(anger)(betrayal)(control)
瞒骗　　　　绝望　　　　自我
(deception)(desperation)(ego)
畏惧　　贪婪　　金钱
(fear)(greed)(money)
权术　　　叛逆　　　报复心
(politics)(rebellion)(revenge)

虚荣

(vanity)

当激励自己或别人时,最好要避免上述负面的字眼。因为结局为时短暂,当激励消失时,问题也就会随之而来。假如你在一家大型的制造业公司上班,某天突然发现那位长久以来的对手正在觊觎你这个部门的主管位置。本来你对这个职位并没有多大的兴趣,但是你对目前的工作并不特别满意,也不想被其他泛泛之辈的同事看不起,加之你不想看见他超越你,最后你决定要争取这个位子。

后来,你在心里接受了那个职位。然而,几周后你发现你的对手在别家公司谋到了更好的位子,并且离开了你的部门。你突然觉得你的工作不再那么有成就感,道理很简单,这是因为你不能再继续对那位同事炫耀你的表现了。事实上,你现在不快乐和空虚的感觉一如往昔。那么,问题到底出在哪里呢?总而言之,你当初争取这个职位并不是着眼于长远的目标,而是贪求短期的报复。一旦你的敌人离开现场,你的动力也会跟着消失,留给你的只是与当初相同的那种贫乏的感觉。

06　思考致富的第六步:暗示

暗示能够创造奇迹!暗示是一种把握、操纵和驾驭个性的思维智慧术,是打开智慧之门的钥匙。

暗示是一种掌握、操纵、驾驭个性的思维术,伴随着人的一心一梦而时隐时现,潜移默化。

因此,人们随时随地都可能会受到别人的暗示,或进行自我暗示。

暗示往往能够创造奇迹,主要是因为它能开发人的潜能,并使潜能发挥到极致。

暗示的力量,不乏令人深思的例证。而这些例子也无一不证明了暗示的力量是不可抗拒和不可思议的。

20世纪七八十年代,美国权威医学生理学博士菲利普·韦斯特发明了一种治癌药物——"克尔比奥桑"。在当时,此药被某些人认为是止痛的特效药,病人用此药后,癌瘤"就会像阳光下的雪,缓缓地融化"。一次,一位癌症病人请菲利普给他服用这种抗癌药。服药前,病人已达到要吸氧的程度了,而在服药后却奇迹般地振奋起精神来,甚至能驾驶飞机。可是不久,这位病人从医学书上了解到所谓"克尔比奥桑"根本无效时,病情又即刻加重,再次住院。菲利普了解到这种情况后便采取了两项措施:一是叫病人不要轻信书上的"错误"结论,二是告诉病人给他服用一种新的"克尔比奥桑"。说来奇怪,病人的病情又有明显好转,直到美国官方宣布所谓"克尔比奥桑"绝无抗癌效果后,他才又万般沮丧,并因病情急剧恶化而死亡。

古今中外这种病例不胜枚举。明明"克尔比奥桑"不能治癌,只是一些生理盐水,却真正能起到治疗作用,这就是奇妙的"暗示效应"。据统计,30%—40%的手术后疼痛、恶心、咳嗽、抑郁者用安慰剂有效,30%—60%的头痛、50%的焦虑、20%—40%的心绞痛等病,用安慰剂也有效。

据报道,在某医院,一个医生在给一位病人进行肺部透视时,突然发现自己的白大衣被钉子勾了一个洞,情不自禁地说道:"哎呀,好大的一个洞!"正在透视的病人听到后,以为是自己的肺上有个大洞,不禁大惊失

色,顿时昏厥过去。这是医务人员的不慎言语给病人造成暗示的结果。又如由于医务人员错填了编号而使两个胸部透视的病人相互取走了对方的检查报告单,这两个病人,其中一个患有肺结核,却因编号错误而被诊断为无病。后来,那个真正患有肺结核的病人却不药而愈了,而另一个根本就很健康的人,却因受到错误的报告单的暗示,最终住进了医院。这是令许多人惊讶不已的现象,同时也使我们中的很多人开始对心理学的研究关注起来。

当维克多先生还是15岁的时候,老师就告诉他,他永远都毕不了业,不如退学去学做生意。维克多先生听取了老师的忠告,在以后的17年中,一直做一些临时工作。别人一直告诉他,他是一个劣等生,所以17年来,他的作为就真的像一个劣等生。但是,当他32岁的时候,一切发生了惊人的转变。一项测验显示,他的智商高达161,是一个真正的天才。从此以后,他开始像一个天才那样有所作为了。他一连写了好几本书,获得几项专利,并且变成了一名很成功的商人。不但如此,他还被选为国际智能组织的主席,而参加这个智能组织唯一的条件,就是智商要140以上。

维克多的故事会使你联想到,许多天才就像劣等生那样不学无术,无所事事,只因为有人说他们不够聪明而已。维克多先生虽然没有立即就得到许多知识,但他确实是获得了很大的信心。当他知道自己跟以前有所不同时,就真的开始跟以前有所不同地行动起来,并获得了不同的结果。是的,这就是暗示所产生的奇迹。

暗示是人类心理方面的正常特性,是在无对抗的条件下,通过交往中的语言、手势、表情、行动或某种符号,用含蓄的、间接的方式发出一定的信息,使他人接受所示意的观点、意见或按所示意的方式进行行动。它"不从正门,而是从后门"进入人的潜意识,不受人的主观意识的批判和抵制。因此,在应用暗示时,应注意暗示以无批判地接受为基础,无需付诸压力,不要求他人非接受不可。

暗示可以是随意性的,也可以是命令性的;可以是直接的,也可以是间接的;可以是肯定的,也可以是否定的;可以是积极的,也可以是消极的。

暗示可以来自他人,也可来自自己,前者称为他人暗示,后者称为自我暗示。

自我暗示是直接的,而不是间接的;他人的暗示既有直接的,也有间接的。肯定的暗示比否定的暗示更有力量,积极的暗示比消极的暗示更有影响力。

暗示使人相信自己能回忆起事实上并未发生的事,也能使人相信自己能感知到实际上从未感知过的事。暗示可影响人原有的行为方式或心理状态,相信实际并不存在的东西。例如,当汤姆早晨来到公司时,同事跟他打招呼:"啊呀,汤姆!你的脸色怎么这么难看,昨晚一定没有睡好。"汤姆一直感觉很好,听到这句话大吃一惊。几分钟后,谁又顺口说道:"汤姆,昨晚喝酒了吧?你现在看上去这样不舒服,脸色确实不好。"别人也很同情地关心他是不是发烧了。到这个时候,汤姆的感觉是会很糟糕的。要是再有人重复一下,他就会真因为实在不舒服而请假回家去。

目前,世界上正在进行关于语言和形象对身体机能的影响的研究。研究成果显示,即使胡乱说出的话,也能对身体机能产生惊人的影响。这是通过生物反馈装置跟踪监视到的。

思考能左右体温,促使激素分泌,刺激神经末梢,使动脉收缩,甚至影响到脉搏。因此,平时很有必要控制一下自己的言语。在强者的语言里是不会出现贬低自己的话语的,即便是自言自语。

可以说,今天的某个自己是过去的言论、行动的结果,因此,大体上来说,你的将来是由你今天想象和心语决定的。

色彩也有暗示功能。人们不仅用缤纷的色彩使万物生辉,而且赋予它一定的意义,使它成为人类生活中独特的暗示语言。

在英国,各种团体佩戴的盾牌形徽章所用的九种颜色,就有九种不同的含义。金色或黄色,代表着名誉与忠诚;银色或白色,代表着信仰与纯洁;红色代表着勇气与热心;蓝色代表虔敬与诚实;黑色代表悲哀与悔悟;绿色代表青春与希望;紫色象征王威与高位;橙色代表力量与忍耐;红紫

羊皮卷

色则象征着献身精神。

在人类生活中,颜色不仅能暗示人的抽象意念,还能被用来暗示人类生活环境中的具体事物。自1893年以来,美国的大学就以各种颜色来表示大学的不同系科:红橙色表示神学系,蓝色表示哲学系,白色表示广义的文学系,绿色代表医学系,紫色代表法学系,金黄色代表理学系,橙色代表工学系,粉红色代表音乐系,黑色代表美学、文学系。

国外一些人体语言学家认为,无论是在会客厅,还是在办公室,有计划地调整和摆设一些物品对于提高主人的地位有很大的影响。比如:

1. 为客人摆设低沙发;

2. 在离客人座位较远的地方摆上一个昂贵的烟灰缸,有意造成客方弹烟灰的不便;

3. 放上一个高级的烟盒;

4. 桌上放一些署有"绝对机密"字样的资料袋;

5. 墙上挂些主人的奖状、学位证书或照片;

6. 使用小巧、精致的公文包,因为,大公文包似乎是大小事全包的人用的。

这些物品的摆设,也是暗示符号,它在无声无息中便提高了主人的影响力。然而,在现实生活中,不少人未能意识到上述环境暗示的神奇效应,也没有意识到这些暗示符号在无形中所传递的积极或消极的信息。

任何人都无法抗拒暗示的力量,至少在某种情形下,一个人对于自己的行动,在短暂时间内会失去意识上的控制力量,因此,任何人均会采取像是本能的、自动的反应。一般来说,接受暗示者会认为并非被动,而是出自本意。因而,暗示的成果富有神话性。

一位名叫菲利浦·让·比诺瓦里耶的法国工程师,用小小的一张尼加拉瓜邮票决定了巴拿马运河的命运。一枚小小的邮票,如何能改变闻名世界的一条运河的命运呢?

美国议会曾有一个在尼加拉瓜修运河的方案,而比诺瓦里耶早年曾在法国巴拿马运河公司工作,1889年该公司破产,比诺瓦里耶打算把法国的工程权益卖给美国。

在美西战争紧要关头,前线焦急地等待战舰"俄勒冈"号,可是它竟航行了68天,才从圣弗兰西斯科绕南美洲到达加勒比。从此美国充分认识到修建一条穿过美洲中部的河道是何等的重要。

1899年,美国议会通过了一个关于修建运河的议案,但是,它通过的是尼加拉瓜而不是巴拿马,这使比诺瓦里耶十分失望。

然而,不久发生了一个决定性的事件,1902年5月8日,马提尼克山脉佩莱山喷出烈焰,致使3万人遇难。大约一个月后,尼加拉瓜的莫莫通博火山接踵爆发,这些悲剧给比诺瓦里耶提供了一个极好的机会。他找到600枚1900年发行的尼加拉瓜邮票,上面绘有莫莫通博火山爆发的情形,他将它们邮寄给美国国会,暗示这样一个问题:为什么不修建一条更安全的、通过没有火山的国家的运河,例如巴拿马?他成功了,1904年,美国国会投票通过了相应的议案。

由此可见,暗示能够创造奇迹!在这个意义上,还可以说暗示是一种把握、操纵和驾驭个性的思维智慧术,是打开智慧之门的钥匙。因此,暗示能够挖掘人的潜能,包括人的生理潜力。

妙用他人的暗示

有意识地向他人直截了当地发出刺激信息,使其迅速地不加考虑地接受,以达到预期的反应为目的而不会引起抵触的暗示,就叫直接暗示。目前,商业活动中便经常用到直接暗示。推销者不惜花费重金聘用名人做广告,让他们穿着一件衣服,或拿着一样东西,或服用一种药品,面对观众郑重其事地说:"这个,我喜欢。"从心理学意识看,这是在运用暗示诱导人们的购买欲望。

向他人比较含蓄地发出刺激信息,既不显露动机,也不指明意义,而是让他人根据暗示的内容去理解,从而接受其暗示,称为间接暗示。这种暗示含义深刻,委婉自然,容易为人所接受。

另外,间接暗示还可在其他方面表现出来。例如,20世纪60年代,美国军队的一个新兵训练营接收了一批新兵。这些新兵文化程度比较低,不讲卫生,而且还沾染了许多不良的行为。为了把他们训练成合格的军人,军营教官很是动了一番脑筋。他们印发了一些家信,要求新兵们仔细阅读,并仿照着给自己的家人写信。信中的内容是告诉家人,他们在军队中养成了良好的生活习惯。说来奇怪,不久,这些新兵果然克服了以往的坏习惯,变得精神焕发,懂礼貌、讲卫生、守纪律,个个变成了标准、合格的军人。究其原因,这主要是由于他们在阅读和写信的过程中受到暗示,认为自己已经是一个标准军人了,于是就自觉或不自觉地按照书信中的内容使自己的行为举止符合军人的规范,这样,以往的不良习惯就改掉了。

林肯在一次演说中说:"有人写信问我拥有多少财产,我的回答是我有一位贤惠的妻子和一个懂事的儿子,他们都是无价之宝。此外,我租了一间办公室,室内有一张桌子、三把椅子,墙角还有一个大书架,架上的书值得每个人读一读。我本人既高又瘦,脸蛋很长,不会发福。我实在没有什么可依靠的,唯一可依靠的就是你们。"这番话是林肯对"有多少财产"的答复,所以,最后一句话"唯一可依靠的就是你们"就暗示人们说:"你们是我唯一的财富,我离不开你们。"人们听过之后,自然会感受到林肯热爱民众的深厚感情。与直接表露情感的方式相比,用间接的、含蓄的暗示方式所表达的情感和意愿则能使他人体验更强烈,印象更深刻。

暗示者发出暗示后,引起了受暗示者性质相反的反应,就是反暗示。反暗示又分两种,一种是有意反暗示,一种是无意反暗示。

1. 有意反暗示

暗示者故意说反话,以达到正面的效果,这是有意反暗示。如军事上常用的"声东击西""欲擒故纵"等方法,以及日常生活中的"激将法",所利用的就是有意反暗示。在商业活动中,这种方法也得到广泛的运用。

例如,美国有家饮食店,在门前摆放了一个大酒桶,在桶壁上引人注目地写着:"不准偷看!"4个字,但桶周围却无遮无拦。凡路过此地的人,甚至连本来对这个大酒桶毫无兴趣的人也因好奇心的驱使,停下脚步往桶里看个究竟。可见,"不可偷看"这几个字从字面上来看,是对看的行动的一种抑制,但实际上它却起到了与此相反的作用。本来不想看的人也要看一下,这正是经营者巧妙地通过暗示利用了人的好奇心理。只要你一看,饮食店老板的目的就达到了。因为桶里写着"我店有与众不同、清醇芬芳的生啤酒,一杯5美元,请享用。""与众不同"又激起人们的好奇,他们会花5美元去尝试一下与众不同的酒到底是怎样的。这样一来,老板的生意就成了。

2. 无意反暗示

无意反暗示是指无意中暗示者发出的正面的暗示,起了相反的效果。有经验的人常根据这种原理洞悉别人的心理。比如有的儿童在家中毁坏了东西,当家长查问时,却把手藏在背后,连声说:"我没有,不是我。"这就是无意反暗示,经营者也可巧妙地对其加以利用。

积极暗示是指受暗示者的行为达到了暗示者预期目的的暗示。查理士·修瓦普是连锁工厂的大老板,在他众多的所属工厂中,有一家生产情况特别差,修瓦普就去找那位厂长,了解他们厂比别的厂家相差甚远的原因。厂长说他试了种种方法,或命令、或奖励,甚至巴结奉承,工人就是提不起工作的兴趣。

当时,正好是夜班和白班交班的时候。修瓦普拿了支粉笔,走向车间。在车间里,他向一位快下班的白班工人问道:

"今天你们共浇铸了几次?"

"6次。"那位工人回答道。

修瓦普没有说话,只是在地板的通道上写了一个很大的"6"字,就出去了。

夜班工人进厂时看见地上的字,就问白班工人那是什么意思。白班工人回答说:"刚才老板进来了,他问我们浇铸了几次,我回答6次,他就在地板上写了一个6字。"

第二早晨,修瓦普又来到车间,发现地板上"6"字已经被改成"7"字。

白班工人看见地板上的"7"字,知道夜班的成绩比他们好,不觉产生了竞争心理。下班时,白班工人也很得意地在地板上写了"10"。自此,工厂的生产率不断提高。

竞争能使人利用机会，发挥潜能战胜对手，从而实现自我价值。所以，修瓦普利用数字符号的暗示，刺激工人的竞争意识，可谓是激励的妙诀。

07　思考致富的第七步：决心

不但恒心是信心的助手，而且决心也是信心的助手。

我对25000名男女的失败作出过分析，发觉这些人的失败有31个主要的因素，而"缺乏决心"是最主要的。

决心就是决策力、决断力、果敢判断、孤注一掷的精神；拖延就是浮游不定、犹豫不决、优柔寡断、不敢下注的心态。

在分析过数百个富豪的性格之后，我发觉他们有一个共同的特点，那就是都有一个果断下决心的习惯；如果他们决定了的事需要改变，他们会缓缓地改变。相反，无法聚存金钱的人在做出一项决定时，几乎都要花费很多的时间，而且时常迅速地变更决定了的事情。

洛克菲勒的决心致富法

洛克菲勒因狡黠、盘剥和善于经营而成为美国有史以来最大的石油大王，并形成大托拉斯垄断企业。19世纪末，他捐赠1000万美元给哈佛大学，这又使他成为最著名的慈善家。我带着安德鲁·卡耐基的介绍信去拜访洛克菲勒时，洛克菲勒早已成为红得发紫的商政界巨人。

他对我提出的观点很感兴趣，全力支持我建立"成功学说"。

洛克菲勒这位美国石油大王，生于1839年，死于1937年，享年98岁。他是"思考致富"的支持者。

他出身贫寒，父亲是一个农夫，走投无路之时，曾经兜售"立见奇效、包治百病"的"灵丹妙药"为活。洛氏一家，终日胼手胝足，也仅能免于冻饿。

年少时,洛克菲勒便在人家的农田里工作,每天赚3角7分钱。他把赚来的钱储起来,存够50美元后,他以每年7厘的利息借给邻居,结果,发觉一年所生的利息相当于他做10天的苦工。

"从那时开始,我就决定了日后的营运方针。"洛克菲勒回忆说,"我下定决心要使钱成为我的奴隶,而不再是我为了钱而四处奔波。"

因为他的家境贫苦,他被女友的母亲视为"没出息",无法与苦恋多年的女友结婚。

1859年,在美国的宾州发现了石油。洛克菲勒知道这是一个绝好的机会,他努力钻研,发明了提炼石油的方法。然后,他又说服了一个有钱人与他投资合伙,共同开创事业。

第一年,由于经营不善,公司亏了大本,合伙人心灰意冷,决定关门大吉。洛克菲勒知道后,安慰他说:"朋友,不要灰心,不要丧气,每一件事情的成功,总是要经历很多困难的。"

直至第四年,公司的事业依然毫无起色,而洛克菲勒还是不断地说:"只要我们能埋头苦干,一定有成功的一天。"

不退缩,不灰心,坚定信念,勇往直前,终于,到了第五年,洛克菲勒的石油公司大大地赚了一笔。

洛克菲勒那果断的性格,使他有胆略不断地将公司扩张。他不畏缩,不怕失败,于是,他的财富便一天一天地与他名下的石油一起增长。

羊皮卷

1870年,洛克菲勒以100万美元创办了当时几乎是全美最大的炼油厂——标准石油公司。洛克菲勒放言:"总有一天,所有的炼油制桶业务都要归标准石油公司。"

洛克菲勒扩张的决心越来越大,他开始收购一些小的炼油厂。他与匹兹堡和费城两家大炼油厂合作,在此后不到两年的时间里,将主要产油区克利夫兰那23家炼油厂收购了22家!至此,标准石油公司所炼的石油已达到全美的1/4。

洛克菲勒开办"标准石油公司"之初,他在纽约有15家对手,在费城有13家,在匹兹堡有22家,在其他各地有27家。到了1880年,"标准石油公司"的炼油量则占全美的95%——俨然一副君临天下、唯我独尊的姿态,洛克菲勒成为实至名归的石油大王。

洛克菲勒晚年的资产达30亿美元,年轻时,他"决心"要赚钱;55岁生了一场大病之后,他"决心"要捐钱。他说:

"我深信上帝赐予我赚钱的本领……我要用上天赐予我的这份礼物,为人类谋福利……我要赚更多的钱,然后与同胞们共同分享这些钱,造福人类。"

于是,洛克菲勒那近一世纪生命旅程的后半部分,变成了以施予为主。1901年,他建立了洛克菲勒医学研究院;1902年,他成立了专门管理人才教育的团体,紧接着不久,他成立了卫生委员会;1913年,他又组建了至今还是世界最大慈善机构之一的洛克菲勒基金会。

洛克菲勒那捐献的决心的确是与他那赚钱的决心交相辉映的,在他生命的后期,他每年的捐款额超过100万美元。

两位斗士

波金斯的父亲是一位靠剥削起家的雪茄制造商,而波金斯则成为美国第一位以商人身份挺身而出支持劳工阶级的正义之士。

波金斯是美国劳工协会的创始人,他将劳工团结起来,告诉他们什么是他们应有的权益,而同时也指出他们不应无故罢工,而应积极争取劳工们的合法利益。因此,他成为一位极受尊敬的工商界奇人。

另一位斗士名叫雷斯·戴洛,他是美国法学史上最有名的大法官。他的勇气与决心曾令他辞去高薪的工作,全身心地投入到为正义而战的事业中。

1912年,我曾与戴洛会面,彼此互相钦佩,成为莫逆之交。我非常敬佩戴洛敢于仗义执言的勇气,他的许多言论成为我理论的创作素材。

他成为我的朋友后,对我决定创立"成功学说"大为赞叹;他非常支持我的学说,认为"自我成功学"是一个有灵魂、有公义的致富之道。后来,他成为我的"自我成功学"最强有力的"拥护者"。

1857年,戴洛出生于美国俄亥俄州。他5岁的时候,一位老师曾因为他上课不专心,非常严厉地打了他一巴掌,并当着其他小朋友的面大声地斥责了他。戴洛那幼小的心灵感觉这是一件不公平、可怕与残酷的事,于是,他便决心长大了要为伸张正义而努力。

长大之后,戴洛苦读法律知识。他接手的第一件案件,酬劳只有5美元,但他为了正义而战,坚持原则,前后历经7年之久,终于获胜,成为一时美谈。

戴洛初到芝加哥担任律师的第一年,收入仅有300美元,连房租都付不起。但到了第二年,由于他思路清晰、辩才出色,为各方所欣赏,收入是上年10倍之多,还成为芝加哥市的法律顾问。

不久,他又担任芝加哥安德诺斯威斯坦铁路的最高法律顾问,从此,他便踏上致富的坦途。

1894年,美国爆发了历史上有名的铁路大罢工,后来演变为流血大动乱,成为美国劳工史上的一大悲剧。

一直以来,戴洛都很同情劳方,当工会主席迪普士被捕时,他毅然辞掉了铁路局的高职,摇身一变成为劳方的辩护律师。在法庭上经过了无数次激烈的唇枪舌剑之后,他终于替铁路工人取得胜利,成为正义的斗士。

戴洛一生反对死刑,是美国倡导废除死刑的著名人士。他在这方面的强大决心,可以由他的名言看出来:"绞刑,是一种早该废除的刑罚,我是坚决反对的,我所辩护的当事人,没有一个被判过死刑;若有,我愿和他一起受刑!"

就是这种令人震撼的决心,使他将100多名犯人从绞刑台上救了下来。

戴洛的辩才、正义感与果断精神,使他成为美国法律史上的名人,尤其在刑事方面,被评为当代第一。1902年,罗斯福总统亲自任命他仲裁著名的宾州煤矿大罢工,他为劳工苦难人士,特别是被资方欺诈的黑人,争取了不少应得的权益,成为备受人们爱戴的人物,被誉为"弱者的朋友"。

戴洛中年之后,靠从事法律工作与著书立说而致富,但他最大的财富,却是在"正义天平"上为那些受剥削、受压迫的群众所争取的"人权"。

戴洛是我的好朋友,对于我的成功学说,他给出这样的评价:"拿破仑·希尔的思考致富术是一个有灵魂、有道义、值得全球渴望成功的致富之道。"不但如此,他还说,"掌握了思考致富就等于杜绝了贫困。"

决定可以改变人生

当你认真作出一个崭新且坚定不移的决定时,你的人生便在那一刻立即改变。

决定是房地产大亨唐纳·川普彗星般崛起与陨落的主要原因,也是棒球明星贝比·鲁斯被列入棒球名人的推动力量。决定可以解决问题,有了决定便能带来无限的机会与快乐,它可以把梦幻转化为现实,是一种把无形转变为有形过程的催化剂。

当你明白了决定的真义,便会知晓这样的力量、这样的能力早就蕴藏在自己的身上,它不是某些有财有势有背景的人的专利,而是属于所有的人,不论你是达官显贵还是贩夫走卒。当你手握本书时就可以支取这份力量,只要你敢于拿出主见。请问你今天是否愿意为自己的未来作个决定,一个由衷的决定?

艾德是一个很"平凡"的人,14岁时因感染小儿麻痹症而致使头部以下瘫痪,要靠轮椅才能行动。然而他并没有自暴自弃,却因此而成就了一番"不平凡"的事业。他依靠一个呼吸设备,白天得以过正常人的生活,但晚上则依赖"铁肺"。得病之后,他曾几度差点丧命,但是他从不为自己的不幸伤心难过,而是自勉并期望有朝一日能帮助同病相怜的患者。

你知道他是怎么做的吗?他决定教育社会大众,不要以高高在上的姿态轻视肢体残疾的人,而应顾及他们生活中的不便之处,多加帮助。在他过去15年中的推动下,社会终于注意到了残疾人的权利,如今在美国各个公共设施都设有轮椅专用道,有残疾人专用的停车位,帮助残疾人行动的扶手,这都归功于艾德。艾德·罗伯兹是第一个患有颈部以下瘫痪并毕业于加州大学柏克莱分校的高材生,之后,他又出任加州政府复建部门的主管,也是第一位担任公职的严重残疾人士。

艾德·罗伯兹的事迹是一个极好的例子,说明了肢体上的不便并不等于一个人不能有所作为,关键在于他是否决定要结束这样的不便。他的一切行动只不过源自一个单纯但有力的决定,如果换成你,你会为自己的人生作出怎样的决定呢?

也许,有很多人会这样说:"好吧,我也愿意为将来作个决定,但是我不知道该怎么做。"只因为害怕不知道方法便不敢下决定,往往会失去实现美梦的机会,结果一生过得忙忙碌碌却无所作为。在此请你记住,不知道该怎样作决定并不重要,重要的是你要决心找出一个办法来,不管那是个什么样的办法。

一位优秀的收音机播音员突然被老板开除了,他虽然伤心欲绝,却仍然回家热切地向太太宣布:"亲爱的,我终于有了自立门户的机会。"

生命中那些最令人沮丧的事情,往往是日后能突破现状的原因。正如那位年轻的播音员,他真的采取了积极步骤,自立门户。他创立了"风趣人物"节目,这时,你可能猜到他是谁了吧?他就是美国的风云人物——亚特先生。

最近,亚特写了一本书叫做《是的,你能够!》。他在书中便提到早年事业上的挫折,如何成为他日后成功的跳板。同样,这个原则也可以运用在我们大多数人的身上。失败和挫折会成全也会毁灭我们的潜能,对那些真正有决心的人,失败往往提供了爬上顶峰不可或缺的决心。

效法亚特,将失望转变为决心,如此一来,你将爬上人生的顶峰。歌德说得好,一切开创性或自发性的行动都蕴含着一个基本道理:当真心去做时,上天的祝福也会随之而至。过什么样的生活,全都取决于你自己。你的工具一应俱全,所有资源都掌握在你的手中,如何运用全赖你的决定——抉择在你。而且,加入比赛,永不嫌晚。

想想天主教修女玛汀·威弗,她55岁开始参加运动。后来,她在多项运动中如1.5千米竞走、雪靴赛跑、快速及花样滑冰、冰球等比赛中赢得了44枚金牌、银牌及铜牌。

"大家变得软弱无力,"她说,"我并不仅指体能而言。任何逾越极限的事,大家都不想做了。但除非你去尝试,否则不会有任何结果。年龄绝不是全身心投入及热爱生活的绊脚石,最重要的是,要尽情享受生命中的丰富与甘美。不论是为他人做事,还是与他人共事,永远不要畏惧延伸你的极限,要选择在生命中获胜!"

如果说作决定是如此简单却又深具威力,那么,为什么大家都不作呢?其中一个理由可能是大家不明白作决定的真正意义,也不了解认真决定所能带来的改变力量。之所以会这样,主要是因为长期以来大家滥用了"决定"这个字眼,扭曲了它真正的意义,使得原先表达做一件事情的坚定意志成为随口说说而已。一个认真的决定,可不等于随口说说,它代表除了这么做以外不作其他任何的考虑。比如说"我决定戒烟",表示从此绝不再碰任何一根烟,哪怕是任何情况下都不考虑破戒。

如果你是一位意志坚定的人,相信必能体会上面所说的话。一位酗酒的人是知道的,不论你戒了多少年的酒,只要某天存心想试探自己的定力而痛饮一次,就极有可能再度沦为酒鬼。当认真地做了一个决定后,不管这个决定是经过几番波折、煎熬,大部分的人都会有如释重负之感,内心再轻松不过了。像这样的决定才能够给人们带来真正的力量,做出真正想要的结果来。然而,日常生活中,我们却很少有人能够认真作出这样的决定,这全因为太久没作而自己不知怎么去做,结果这种作决定的"肌肉"便因此而萎缩了。

那么,你知道该如何加强这种肌肉的强度吗?那就是经常地去锻炼它,你锻炼得越勤,就越能作出好的决定。你要从每次所作的决定中吸取经验,即使是短期内未能奏效的决定也一样,它可以提供你宝贵的经验,告诉你日后应该如何作出更好的判断、更佳的决定。作决定就跟运用你的潜能一样,你越经常运用就越顺手,越顺手就越能把握自己的人生。这样,你便敢于向未来挑战,把它视为是使自己更上一层楼的大好机会。

08 思考致富的第八步:行动

行动本身会增强信心,不行动只会带来恐惧。克服恐惧最好的办法就是行动。

当你具备了成功的心态和周详的创富计划时,请立即开始建设性的行动,记住,这是最重要的,你必须保证它足够精彩,否则就可能无疾而终。

其实生活就如同骑着一辆脚踏车,不是维持前进,就是翻覆在地。所以行动才是最关键的,任何事都不能拖延,工作时绝对不能把"踩车"的脚松下来、停下来。否则,你将遭到失败,甚至前功尽弃。

当你面对某一问题时,常常会有许多种不同的选择,犹豫不决就会造成时间的浪费,甚至错失良机。相反,如果你立即行动,那么,以后的事或许会变得轻而易举了。

获取财富的过程,免不了与他人交往。要想让他人认同你的能力和成就,你就应该先付诸行动,让别人从行动中认可你。反之,空谈是没有任何作用的。

真正成功的人,都是通过行动使他人见识其不凡之处的。难怪美国联合保险公司的创办人和总裁克莱门特·斯通会从他坎坷的创业史中由

羊皮卷

衷地感慨:"我相信'行动第一',这是我最大的资产,这种习惯使我的事业不断成长。你必须用心搜集事实,没有任何拖延的理由。行动是最重要的部分。"

英国著名首相本杰明·迪士雷利也曾指出,虽然行动不一定会给人带来满意的结果,但不采取行动是绝无满意结果可言的。美国总统罗斯福曾承认:"其实,我并没有什么辉煌灿烂的功绩。唯一一点令我自豪的是:凡是我觉得应该做的,我就去做……而当我决心做后,我便着手去做了。"

林格演讲时,经常对观众开玩笑地说,美国最大的快递公司——联邦快递其实是他发明的。他不说假话,他的确有过这样的主意。但是我们相信,世界上至少还有一万个甚至更多和他一样的创业家,也想到过相同的想法。林格刚刚起步,全美国公司做撮合工作,每天都生活在赶截止日期,并在限时内将文件从美国的一端送到另外一端的时间缝隙中。当时林格就想到,如果有人能够开办一个能够将重要文件在24小时之内送到任何目的地的服务,该有多好啊!这种想法在他脑海中驻留了好几年,一直到有一个名叫弗烈德·史密斯的家伙真的把这个主意转换为实际行动。

所以,成功是将一个好的想法付诸实践,这比在家空想出一千个好主意要有价值得多。

你是你的创富之舟的舵手,所以一定要掌握好它的航向,才能顺利到达胜利的彼岸。

创富,是我们最终所要达到的目标。既然我们已经知道思考是通向创富之路的捷径,我们也就具备了创富所必需的良好心态,比如信念、创新、信心、激励与暗示、创意、决心等,那么首当其冲的任务就是赶快行动了。但是,在行动之初,我们必须选择好行动的方向,即从事的行业。

从熟悉的行业做起

各行各业都有其自身的特点,都需要与之相适应的业务能力及业务关系。在创富之初,我们最好选择自己较为熟悉的行业,从而能够快速地进入角色,加快创富步伐。反之,如果面对的是自己毫不熟悉的行业,不用说初闯商场的新手,即使是成熟的企业家,也难免会出现问题。

著名的美孚石油公司曾进行过一次多元化经营的扩张,他们在不甚熟悉行业的情况下,率先进入百货业。结果,由于这些石油商们根本不懂得怎样经营零售业,公司遭到了惨重的失败。

因此,倘若从自己较为熟悉的行业开始你的创富之路,可能会较容易些。美国人华勒斯的父亲开办了一家农业书籍出版社,这使得华勒斯与出版业结下了不解之缘。耳濡目染,久而久之,自然受到很大的影响。

后来,华勒斯考入大学,但尚未毕业,他便辍学回家,帮助父亲经营出版社。

不久,第一次世界大战爆发,华勒斯应征入伍,随部队来到法国。有一次他受了伤,住在一家医院治疗。躺在医院里无聊、烦闷之余,他便把那些他带入军队中的杂志拿出来重新翻阅。

杂志中有些文章特别生动、有趣,翻着翻着,一个念头突然浮现在华勒斯的脑海中:如果把这些文章摘录下来,汇集成册,专门刊登第一流的好文章的摘要,一定会很畅销。

汇集精粹而成书,这在当时的确是一个极好的点子,但这也只有懂得出版的华勒斯才能想出来。于是,华勒斯马上动手,将这些杂志中生动而又有实用价值的部分摘录下来,分类进行重新组合,使之成为简洁、生动、有趣的文摘刊物。

华勒斯伤愈退役返回家乡后,一面帮助父亲做出版工作,一面到图书馆去寻找杂志,筹划他的出版事业。他不停地翻阅着以前的旧杂志和新发行的杂志,把有趣、生动而又不失阅读价值的部分,统统都摘录下来。

1920年1月,华勒斯将他所收录的31篇文章编入了《读者文摘》第1期,这期只印制了2000份,目的是想看看读者的反映。谁料发出征订之后,《读者文摘》立即得到了广大读者的欢迎,邮订量大大增加。

华勒斯创业的第一炮,就这样顺利地打响了。

从华勒斯的事例中不难看出,只有在熟悉的行业中,创业者才能更好

地施展拳脚,熟门熟路、熟人熟客,干起来既有创意,又少费周折。

发掘自己的特长

每个人都有他的长处,作为一名创业者,你只有首先用好自己的长处,才能在创富的路上加速前进。

多年之前,有一个退伍军人慕名来找我。

此人看上去精神不振,一副失魂落魄的模样。他说他原来也有一个梦,"想成为一个百万富翁"。但是现在却仍是一事无成,非常失望。

他说:"我只想找一份工作,一份能养家糊口的工作。"

这个人的斗志已经被挫折消磨掉了,要求变得那样的低。

我说:"我可以使你成为百万富翁。"

他一下子呆了,完全不相信我说的话,还以为在开他的玩笑。

我接着郑重地问:"以前,你都学过什么?"

"我有健康的身体,还有一身破烂的衣服,除此之外,一无所有。对了,入伍前,我还学过烹饪,学得一手好厨艺。"他回答。

"足够了。你不光有健康的体魄,你还有一门手艺,更重要的是你还得树立积极的进取心,这是一笔巨大的无形资产,你为什么不运用销售技巧,去说服家庭主妇,买你的烹调器具。"

"这个,也可以吗?也可以挣到100万吗?太不可思议了。"

"什么事情都有可能发生,不怕你做不到,就怕你想不到。"

我借给他足够的钱，让他去买了件像样的衣服，然后放手去做烹调器具的买卖。

第一个星期，他挣了100美元。然后，他通过营销方面的培训，开始大规模的经营。结果，不到4年，他就真的挣到了他的第一个100万美元。

确乎有点奇妙，思考将一无所有者"变"为百万富翁，可谓起死回生。其中一个重要的因素，就是退伍军人有一手好厨艺。其实，既有厨艺之长，经营饭馆也是顺理成章之事，但我没有将之作直接的结合，而是把相关的烹调器具的买卖结合了起来，竟产生了一种水到渠成的功效。请想想，精通厨艺者推销厨具，恐怕比生产厂家对厨具的性能、功效，乃至作用等说得还要精细、到位，倘若再将厨艺上的高招贯穿到怎样使用厨具上去，要家庭主妇们不买都困难。此一长处之用于择业，可以说恰到好处。

因此，创业者在选择经营行业之时，若能将自身的长处考虑进去，将二者有机地结合起来，必然会增强自己在经营上的优势，收到难以估量的效果。

当然，经营行业的选择与长处的结合并非必然的关系，仍应以经营行业本身的考虑为重，不要强求二者的结合。有时候，说不定你的长处与经营行业完全不搭界，那也没有关系。每个人自身的资源是很多的，只要你能努力地融长处于自己的经营之中，那么，你还有许多种长处将会派上用场。人尽其长，物尽其用，创业者只要善动脑筋，自己身上很多闪光的东西，便会在行动的过程中不断被发掘出来。

第六章

富兰克林自传

01　我的童年

不是所有伟大的人物，都有一个不平凡的童年。一个勤劳正直的家族一定会培养一个勤奋正直的孩子。

我常常回想起自己这一生的成功。它不时诱引我说什么，要是听凭我自己选择的话，我可不反对再这样从头活上一辈子；而我企求的仅仅是作者拥有的在第二版中更正第一版讹误的便利。除了改正错误之外，我还希望将这辈子中发生的某些事更换成更为顺心如意的事。即使这个条件被否决，我还是愿意重新过一遍今世的日子。不过，这样的重复根本无可期盼，因而，全面地回顾一下我这辈子的桩桩件件，倒也极像是重新活了一遭。为使记忆中的事久远地保留下来，我决定把它们写下来。

我的一位伯父（伯父们也和我一样具有收集家族轶事的好奇心），一次，他交给我一些关于我们祖先事迹的笔记，我从这些笔记中得知，这个家族在北安普敦郡的埃克顿村一直居住了三百年。再往前，在那块大约30英亩的永久地产上住了多久，他就不清楚了（也许是从"富兰克林"被确定为姓氏之前开始的。在那之前，它是一个阶层的人的名称，后来全英国其他阶层都在确定姓氏）。这个家族在永久地产居住时，靠铁匠生意补贴家族开支，这一手艺一直传到伯父那一代，家族里的大儿子均被培养为铁匠。那位伯父和我父亲的大儿子也都承袭了这门手艺。我查阅埃克顿村的居民登记簿时，只发现了他们1555年以后的出生、婚配及丧葬记录，那以前的记录该教区没有保存。

通过登记簿我了解到，我是第五代的小儿子的小儿子。我的祖父托马斯生于1598年。他一直住在埃克顿，直到老得做不成手艺，才搬到牛津郡的班伯里同做染匠的儿子约翰一起生活。我父亲给约翰做学徒。后来，我祖父死在那里，葬在那里。1758年我们看见过他的墓碑。他的大

第六章 富兰克林自传

儿子托马斯住在埃克顿的房子里,后来,连房子带土地都留给了他的唯一的孩子即他的女儿。这个女儿的丈夫是一个威灵堡人,名叫费雪。他们后来又把房子卖给了伊斯提德先生。伊斯提德先生如今是那里的庄园主。我的祖父养大了四个儿子,即托马斯、约翰、本杰明和乔赛亚。我想把我所能了解到的有关他们的材料都给你,只是那些材料不在身边。假如在我离家期间没有丢失的话,你将会从中发现更详细的记录。

托马斯随祖父学艺,成了一名铁匠,但他生来聪颖过人,帕尔默先生鼓励他钻研学问(我们兄弟都受到他的鼓励)。帕尔默先生是当时所在教区的绅士首领。托马斯获得了从事公证人业务的资格,成了该郡的头面人物,而且是北安普敦郡或镇以及他自己村庄公益事业的主要倡导者,那里的许多公益事业都和他有关。

约翰被训练成一名染工,我相信是染羊毛织物的。本杰明学的是丝绸染工,在伦敦当学徒,他为人机灵聪慧,我对他的印象很深,因为当我还是个孩子时,他来到波士顿我父亲处同我们住了几年,他活到了高寿。他的孙子萨缪尔·富兰克林,现住在波士顿。他去世后留下两卷四开本的诗稿,里面有几篇是写给他的朋友和亲戚的,他寄给我作为我写作的范本。他自己创造了一种速记法并教会了我,但我从未使用过,现在已忘了。我就是仿照这个叔父而命名,因为他和我父亲有着特别深厚的感情。

乔赛亚,我的父亲,他结婚很早,大约是在1682年,他带着妻子和3个

153

羊皮卷

孩子移居到了新英格兰。因为他所信仰的秘密宗教不仅被法律禁止,而且还常常受到骚扰,因此,父亲的许多熟人都移居到了新大陆。他们希望在那里可以享有宗教信仰的自由。我父亲也同意随他们前往美洲。

在那里,父亲的前妻又生了4个孩子,后来第二个妻子又为他生了10个。这样,我父亲一生共有17个孩子。我还记得有一次,13个孩子都围坐在他的桌旁,这13个孩子后来都长大成人,各自成家立业了。我是最小的儿子,在所有的孩子当中倒数第三,因为我还有两个妹妹。我是在新英格兰的波士顿出生的,我的母亲是父亲的第二个妻子,名叫艾比亚·福尔戈,彼得·福尔戈的女儿,他是第一批来新英格兰的定居者之一。

我的哥哥们都选了各不相同的行业。我8岁那年开始上小学。作为最小的儿子,父亲准备让我到教会供职,我很小就学会了阅读(那时我一定还非常小,因为我不记得何时还不会阅读)。他的朋友们都说我肯定会成为一名杰出的学者,这更坚定了他的这个决心。伯父本杰明也赞成这个主意,主动提出把他速记下来的所有布道词卷本都送给我。如果要学得他的性格,我想这倒是开始时的资本储备。我在文法学校读了还不到一年,尽管我那时已经从班级的中等水平跻身前茅,而且还跳了一级,可指望年底进入三年级。

可是我父亲考虑到上大学受教育的费用,还考虑到要支撑这么个大家庭,对他来讲,确实不是很容易负担得起的。受过高等教育的人大多以后生活拮据——他当着我的面向朋友们叙述了这些理由——于是改变了主意,将我从文法学校退了学,送进了一家专门教授写作和算术的学校。这所学校由当时的一位名人乔治·布劳内尔先生开办,办学成绩卓著,教学采取的是宽容和鼓励的方法。在他的教导下,我很快学会写一手好字,但算术却不行,没有进步。

10岁那年,我回家辅助父亲的蜡烛和煮皂生意。他从小并不学这一行当,而是到了新英格兰以后才发觉他的染色行业需求不大,难以维持全家的生计,于是才操持起现在的行当。我就帮父亲剪切烛芯、注模制烛、照料店面、跑腿当差。

第六章 富兰克林自传

我想,你也许愿意对父亲这个人和他的性格有更多的了解。他体质健硕,身材中等匀称,体格强壮。他生性聪敏,擅长绘画,略懂音乐,声音悦耳动听。他在机械方面也具有天才,有时用起其他行业工匠的器械也很熟练。但是,他最杰出的地方在于运用其深刻的理解力和准确的判断力处理重大事情,无论是公事还是私事。他后来并没有担任过任何公职,因为他有一大群孩子需要教育,家境窘迫使他不能离开谋生的行业。但是我清楚地记得,常有一些重要人物来拜访他,请教他对镇上或是他所属教会事务的意见,他们很重视和尊敬父亲的判断与建议。有的人在生活上遇到麻烦时也常来向父亲请教,他常常被选作争议双方的仲裁人。

我的母亲体质同样很好。她用乳汁养育了她的 10 个孩子。父母因病而死,不过他们生前,我不记得生过何种疾病。父亲死时 89 岁,母亲 85 岁,他们合葬在波士顿。几年前,我在那儿竖了一块大理石碑,上面刻着:

乔赛亚·富兰克林

与其妻艾比亚安葬于此。

他们相亲相爱五十五年,白头到老。

他们既无田产,又无高俸厚禄

仰赖上天垂恩,

全靠坚韧劳作,诚实勤奋,

维持一个大家庭,舒适度日,

养育十三个儿子和女儿

以及七个孙子和孙女,

声誉卓著。

读者应从中受到激励,孜孜于事业,

对上帝坚信不疑。

父亲虔诚持重。

母亲谨慎贤惠。

作为儿辈对先人的纪念,

谨立此碑。

羊皮卷

乔赛亚·富兰克林生于 1655 年,卒于 1744 年,享年 89 岁。
艾比亚·富兰克林生于 1667 年,卒于 1752 年,享年 85 岁。

02　在印刷厂当学徒的日子

正是由于这种对书籍的爱好,使得父亲最后决定让我从事印刷业,并且成为我事业成功的起点。

我从小就喜欢读书,手里有几个零花钱全都用来买书。那个时候,我非常喜欢《天路历程》,我的第一批藏书就是分成若干小开本的约翰·班扬的著作。后来,我又卖掉了那部书,购买了罗伯特·伯顿的《历史文集》。那是小商贩们的书,很便宜,总共 40 或 50 便士。父亲的小书房里主要是辩论神学之类的书,其中大部分我都读过,而且至今我还时常感到遗憾,在我如此强烈地渴求知识的时候,既然我决心不当牧师,手头却没有更合适的书。父亲的小书房里的普鲁塔克的著作,我读了很多遍,而且我至今认为,所耗费的那些时间使我受益匪浅。

那里还有一本笛福的书,叫《计划论述》,一本马瑟博士的《行善论》。这两本书使我的思想发生了转变,而且这一转变对我后来人生中的一些大事产生过影响。

正是由于这种对书籍的爱好,使得父亲最后决定让我从事印刷业,虽然,他的另一个儿子——我的哥哥詹姆士已经学了这一行业。

1717 年,詹姆士从英国回来,带回了一台印刷机和一副铅字模,在波士顿开办了一个小印刷厂。对我来说这当然远胜过父亲的职业,不过我内心里依然向往着去航海。为了阻止这种渴望成为现实,父亲立即叫我去跟哥哥做学徒。我抗拒了一些时候,但最后还是被说服了,与詹姆士签订师徒契约。当时我只有 12 岁。按照契约规定,我的学徒要到 21 岁才能满师,而且只有在最后一年才能领取一个熟练工的薪水。

我只用了很短的时间就学得了熟练的技艺,成为他的得力帮手。那个时候,已经能读到一些好书,因为我结识了一位在书店的学徒,有时我能够从他那里借些书来看,我总是很小心地保持书本的整洁,尽快地归还。经常是晚上借来书,第二天早晨就去还,这样一来不会有人察觉少了书。因此,我常常是到深夜还坐在房间里读书。

　　我依旧喜欢读书,喜欢与读书人交往。大概就在这时,我偶然看到一本《旁观者》,这是第三卷。以前,我从来没有见到过这个杂志。我买了下来,读了一遍又一遍,真是非常喜欢。

　　我在《旁观者》里选了几个故事,把它们改写成诗。过上一段时间我把原文完全忘却后,再把诗复原成散文。有时,我把一大堆提要打乱,过些日子再尽可能地把它们理顺,而后再着手组织完整的句子。这样做旨在教自己整理思路的方法。通过把自己的作品与原作比较,我发现并纠正了许多错误。可是,我有时乐于想入非非,我有幸改进了自己的习作方法和语言,而这则助长我这样想:有朝一日,我会成为一个还说得过去的英语作家,对此我雄心勃勃。我分配用来练习写作和读书的时间是晚上,或者早上上工之前,或者星期天。一到星期天,我就设法待在印刷所里,尽可能躲避参加家常便饭般的公共礼拜。要是我还在父亲的管教之下的话,他是一定会逼我上教堂去的。不过,我当时还是把做礼拜当做自己的义务,尽管我花不起时间去履行这份义务。

　　大约在我16岁那年,我偶尔读到一本推荐素食的书,是一个叫特赖恩的人写的。我决定实践一下。哥哥当时尚未结婚,所以没有家,他自己和学徒们都在另一个家庭搭伙。我拒绝吃肉带来了不便。同伴们经常责骂我特殊。我按照特赖恩的方法烹制一些他介绍的饭菜,如煮土豆或米饭、制作快食布丁,等等。然后我向哥哥提出,如果他每周能给我当时为我付的伙食费的一半,我就自己起火。他立即答应了。后来我发现,他给我的钱居然还能省下来一半用于买书。这样做还有一个好处:哥哥和其他人去吃饭时,我可以一个人留在印刷所,立即匆匆吃完小吃——常常不过是一块饼干或一片面包,一撮葡萄干或一个从馅饼店买来的果馅饼,另

加一杯清水——剩下的时间用于学习，直到他们回来。在这段时间里，因为节制饮食通常能使人头脑清醒，思维敏捷，所以，我的进步非常快。

我的哥哥在1720年或1721年，曾创刊了一种报纸。这是在美洲出现的第二种报纸，叫做《新英格兰报》。在它之前出版的报纸名叫《波士顿时事通信》。我记得他的计划曾被几个朋友们劝阻，不像是会成功的，他们认为在美洲有一种报纸就够了。那时（1721年），那里已有不下于二十五种了。但是，他照旧按计划进行，所以，我在排好铅字印完报纸之后，就被派出去到各街上的订户那里去送报。

在他的朋友中，很有一些思想聪慧的人。他们以给报纸写些短文自娱，报纸因此声誉日增，需求也随之增加。这些绅士常来造访。听了他们相互交谈报纸颇受欢迎一事，我就有些身不由己，也想在他们中间一试身手。但是因为我年龄尚小，恐怕哥哥一旦知道稿子是我写的，便会拒绝刊用，我便想方设法改变笔迹，写了一篇匿名文章，夜间把它放在印刷所的门底。早晨，文章被人发现，哥哥的朋友像往常一样前来拜访，文章就在他们中间传阅。他们阅读此文，评论此文，我听得一清二楚。他们的褒扬之词不绝于耳。他们猜测作者一定是我们中间一位学问精深、见地独到的名人。这种猜测使我感到极度快慰。现在想来我很幸运，能遇到这些人做我文章的鉴定者。虽然这些人也许并不值得我当时对他们如此尊重。

因为受到鼓励,我撰写了数篇文章,以同样的方法送到印刷厂,文章同样得到赞许。我一直没把我的秘密透露出去,直到我觉得这样做已经没有意义为止。于是哥哥的朋友们开始对我刮目相看,这可使得哥哥很不高兴。哥哥认为,这样做会使得我目中无人。这样的想法也许有点道理。此事也成为我们兄弟两人不睦的发端。尽管他是我的兄长,却自以为他是我的师傅,我是他的徒工,因此指望我同其他人一样对他顺从。我却认为,他让我干的某些活使我太失身份,我当然希望从哥哥那儿得到更多的照顾。我们俩经常争吵到父亲那里,父亲一般总是偏袒于我,其原因要么是我言之有理,要么是我更能说会道。但我哥哥脾气很暴躁,常常狠狠地揍我一顿,而我则怀恨在心。想到满师还遥遥无期,于是常希望有那么一个机会,早点结束学徒生涯。最终,这个机会竟出其不意地来临了。

我们报纸上的一篇谈论政治问题的文章,我已经忘记是什么内容了,该文得罪了议会。议长签发拘捕证将我哥哥拘捕,他受到指控并蹲了一个月牢房。我猜想那是因为他不愿透露文章作者的名字的缘故。我也被拘捕并接受了议会的审查。尽管我没有给他们任何满意的答复,但他们认为警告我一下也就够了。也许他们认为我是学徒,替师傅保密责无旁贷,于是又把我放了。

尽管我和哥哥之间有私怨,但我对他被监禁还是十分愤怒。在他坐牢期间,报纸由我管理。我大胆地批评了报纸管理阶层的一些人。哥哥欣然接受了批评,而其他人则开始以不友好的眼光看待我,说是一位年轻的天才人物学会诽谤和胡闹了。伴随着哥哥的获释,议会下达一项非常古怪的命令:"今后詹姆士·富兰克林不得再印行《新英格兰报》。"

印刷所里进行了一次磋商,磋商是在哥哥的朋友圈子中进行的,商讨的议题是在这关键时刻他应该如何行事,会上提议将报纸改名,以回避这一命令,但我哥哥认为这样做多有不便,最终决定,作为上策,今后让报纸以本杰明·富兰克林的名义出版。为避免可能会降临到他头上的来自议会的非难,报纸在通过他的徒工之手依旧在出版,他策划并且批准将我的契约退还给我,契约背面有解雇的批文,以便必要时出示作证。同时,为了保证他雇佣我为徒工应得的利益，他要我另外签订一个学徒期满的有效合同，私下保管。这是个很不周全的计划，但却立即付诸实施，就这样，报纸以我这个出版商的名义出版了几个月。

后来，我们兄弟俩之间又发生了新的争执。因为我估计他不敢把新契约公开，于是想方设法地为自己争取自由。当然，对我来说钻这个空子颇不应该。现在想来这可以说是我人生所犯的第一大错。不过，那时，并没有感到有什么不妥，因为我哥哥虽然在不发脾气的时候为人还不错，只是他一发脾气就狠狠地揍我，这使得我异常愤怒。可能是我这个人太粗鲁无礼，容易惹人发火。

当他发现我要离开他的时候，他力图阻止镇上的所有印刷店雇佣我，在他的到处游说下，所有的店主都拒绝给我一份工作。

03　17岁，我离家出走

在横渡海湾时，我们碰到了飓风。风把船帆撕成了碎片……最终，我来到费城。

那时，我想去纽约，这是有印刷商而距离波士顿又最近的地方，想到我已是当局所讨厌的人物，而从州议会处理哥哥的案子过程中所表现出的专横来看，我也应该离开波士顿，假如继续在这里待下去的话，会使我陷入困境。再者，我对宗教方面缺乏谨慎的议论已使善良之士将我当成了异教徒或无神论者了。

我更坚定了离开的念头。因为此时我已有手艺，并且自认是个很好的工人，我便向当地一个印刷匠老威廉·布拉福德毛遂自荐。他原是宾夕法尼亚第一位印刷匠，因和当地总督乔治·基思发生争吵，就搬到这里。因为这儿几乎无事可做，人手早已足够，所以他无法给我工作，但他说："费城我儿子那边失去了一位主要帮手，他叫阿奎拉·罗斯，已经去世。如果你去那儿,我想他会收留你的。"

费城离这儿还有约160千米,然而,我还是登上一艘开往安博依的船只,留下行李什物,经由海道运去。

在横渡海湾时,我们碰到了飓风。风把船帆撕成了碎片,我们无法进入海峡,被刮到长岛去了。

当我们驶近长岛的时候,发现那地方海滩上顽石矗立,巨浪拍岸,船根本无法靠岸。于是我们抛下锚,向海滩游去。这时,有人跑到海边朝我们喊叫,我们也朝他们喊叫,但由于海风呼啸,浪涛轰鸣,我们互相听不见对方在喊什么。海岸上有独木舟,我们示意他们用独木舟接我们过去,可他们要么是没理解我们的意思,要么就是认为不可行,他们离去了。天渐渐黑了下来,没有办法,我们只好等待风势减弱下来。我和那位船长认为,如果可能的话,不妨趁此机会睡一觉。于是我们同那个荷兰人挤在小舱内。那个荷兰人浑身仍湿漉漉的。而我们俩由于浪花打着船头,水落到我们身上,很快也几乎和他一样浑身湿透了。我们就这样躺了一夜,实际上并没有睡多少觉。第二天风小了,我们转而又朝安博依驶去,希望能在天黑前到达那里。我们整整在海上漂泊了30个小时,除了一瓶不清洁的朗姆酒外,船上没有任何食物和饮料,而且海水咸得根本无法入口。

晚上,我发起了高烧,就上床睡了,我记得曾在哪儿看到过多喝凉水可以退烧,我照此办法去做,结果整晚汗如雨下,烧也退了。第二天早上,过了渡口,我就继续徒步旅行,再走约80千米,就可到伯林顿,听说在那里可以找到船把我带到费城。

整整一天,倾盆大雨下个不停,我浑身上下都湿透了。到中午的时候我已经是筋疲力尽了,只好在路边一家破旧的小旅店住下,可是,彻夜难眠,我开始有点懊悔不该离家出走了。我心情沮丧,甚至想象自己可能正处于被抓捕的危险之中。因为我的外表显得十分穷酸,好像是一个可怜的人物,因此担心会有人盘问我,怀疑我是逃出来的佣人。

到了第二天,我还是继续向前赶路,直到天黑才在一家客店投宿,此地离伯林顿只有约16千米。客店的店主是布朗先生,布朗先生在我吃饭

羊皮卷

的时候和我攀谈起来。当他发现我读过一些书的时候,他显得十分和气且友好。我们的交往就是这样开始的,并且一直持续到他去世。我估计他是一个走江湖的郎中,因为无论哪一个欧洲国家,或者某一个英国城镇,他都异常熟悉,并能说出详细的情况。他还很有学问,而且头脑敏捷,但是没有宗教信仰。几年后,他居然就像科顿曾经对维吉尔的著作所做的那样,把《圣经》改写成打油诗。经过这样的转换,许多严肃的事实就显得滑稽可笑起来。如果他的这部作品出版的话,对那些意志薄弱的人将会产生极为不良的影响。好在一直没有发表过。

我在他的客店里过了一夜,第二天上午赶到伯林顿。但却十分懊丧地发现,定期班船在我赶到以前刚刚开走。星期二之前不再有船前往费城,而那天刚星期六。于是我又回到了镇上的一个老妇人那儿,请她帮我拿主意。我曾在她那儿买过姜饼,伴水吃下。在搭乘下一班船之前,她让我借居她家。因为徒步旅行确实很累,我接受了邀请。她了解到我是一名印刷工人,想把我留在镇上从业,可全然不知搞印刷需要种种材料。她非常好客,亲切和蔼,餐间用牛排非常热情地招待我,可只肯收一罐啤酒钱作为酬谢。我那时想,星期二之前是走不了。

可是,到了傍晚,我在河边散步,一艘小船从旁经过,船上坐着几位乘客。我发现这船正是驶往费城的。他们把我拉上船。因为没有风,我们一路划桨前进。可是,到了半夜,还不见城市的影子。乘客当中有人肯定

第六章 富兰克林自传

我们一定是划过了头,不愿再往前划了。而另一些人却不知道我们到了何处。于是驱船驶向岸边,划进了一个小湾。在一个破旧的篱笆边上了岸。10月的深夜已颇有寒意。我们用篱笆木条燃起了一堆篝火,在那儿一直待到了天明。此时有位乘客辨认出这个地方为库柏湾,费城距此偏北一小段路程。我们一出小湾就看到了费城。星期天上午八九点钟,船到了那儿,我们在市场街码头上岸。

我特别地描述了我的行程,我还将详细描述我首次进入费城的情况,以便使你能在心里把这种难以置信的开端同我后来在该城的显赫地位加以比较。我穿着工作服,那是漂洋过海时最合适的服装。一路风尘,弄得我脏兮兮的,口袋里塞满了衬衫和袜子。我一个人也不认识,也不知道该到哪里落脚。一路颠簸,划桨,缺乏休息,弄得我筋疲力尽,饥肠辘辘。身上所有的钱加起来不过是1荷兰元和大约1先令的铜币。那1先令我给了船家作为我的船钱。起初他不肯收,说是我也划了船,但我坚持让他收下。有时候,钱少的人比钱多的人更慷慨,大概是害怕别人认为他没钱吧。

然后,我沿着大街走去,一路左顾右盼,后来在市场交易所附近碰到一个拿着面包的男孩子。一路上我没少啃面包。我问他在哪里买的。他告诉我在第二大街。我立即向他说的那家面包店走去,提出要买饼干,心想就买在波士顿吃的那一种,谁知道费城没有这样的饼干。我又提出要买三便士的长面包,可他说没有。我没有考虑也不了解两地币值的不同,那里的东西比波士顿便宜那么多,又不知道他做的面包叫什么名字,就让他随便给我三便士的东西。结果,他给了我三个大面包卷。我对分量之多感到吃惊,但还是接住了。由于口袋里放不下,我便两边胳肢窝各夹一个,另一个拿在手里边走边吃。就这样,我从市场街一直走到第四大街。经过我未来妻子的父亲里德先生家门口。

我这样吃了一顿饭,然后,我又朝市场街走去,这会儿街上出现了许多衣冠楚楚的行人,都朝着同一条路线走去。我也混进了他们的行列,结果被带到了市场附近的教友会教徒的大会堂。我夹在他们中间坐下,环视了一会儿，没听到有人讲什么。由于一路划船，加之前一天夜里没睡觉，困意甚浓，很快便酣然入睡了，直到会议解散，有个人好心地把我叫醒。所以说，这个会所是我在费城落脚或者说是睡觉的第一个地方。

出了会堂，我在河边徘徊，一路扫视着每一个人的面孔，碰上一位面容和善的年轻人，我跑上前去，恳求他给我指点指点一个外来人到什么地方能够住宿。其时，我们就在离"三水手"客店招牌不远处。"喏"，他说，"这家客店就接纳外乡客，但声誉不太好。要是你跟我走，我给你指点一家好一点的客店。"他把我带到了水街上的"克鲁克特·比利特客店"。我在那里吃了一顿午餐。吃饭时，我被接二连三地问了几个问题，因为根据我的小小年纪和这副狼狈相推断，我也许是从家里逃出来的。

04　在凯默的印刷厂

我勤奋工作，省吃俭用，积蓄了一点钱，生活得很愉快，尽可能忘记在波士顿的烦恼。

午餐后，睡意又上来了，于是我要了一张床和衣躺下，睡到晚上 6 点被叫醒吃晚饭，然后又早早上床，酣睡到次日上午才起床。之后，我尽量将自己打扮得整洁体面，来到了安德鲁·布拉福德的印刷厂。在店堂里，我见到了在纽约曾见过的那位老人，安德鲁的父亲。他是骑马来的，所以比我先到费城。他把我介绍给他的儿子，他的儿子彬彬有礼地接待了我，请我用早餐。但告诉我因为最近雇了一人，目前不缺帮工。不过，一位叫凯默的先生刚在镇上开办了一家新的印刷铺，他很可能会雇佣我。如果他不能雇我，我可先住在他家，他会不时地给我点零活干，直到找到正式工作。

那位老人说，他愿陪我去找新印刷厂的老板。找到凯默之后，布拉福德就说："邻居，我给你带来一位干你这一行业的年轻人，大概你正需要这

第六章 富兰克林自传

样一个人呢。"凯默向我问了一些问题,就给我一副字盘,看看我工作如何。接着,他就说,他将很快雇佣我,尽管现在还没有事情要我来干。他把从未见过一面的老布拉福德当作镇上对他一片好心的人,和他攀谈起来,讲了当前的事业和今后的发展。而布拉福德则不说他是另一印刷所老板的父亲。听到凯默大展宏图,想把绝大部分印刷生意握在手中之时,他便巧妙发问,诱他畅谈。凯默对此毫无察觉,还在阐述他的全部想法,他所仰赖的势力,以及他意图进取的方法。我伫立一旁,倾听一切,立即看出一个是老奸巨猾的世故老人,另一个是十足的嫩手。布拉福德把我留给了凯默。当我告诉凯默这个老人是谁时,他不禁大大地吃了一惊。

我发现,凯默的印刷所只有一部破旧的印刷机和一副破旧的英文活字。当时,凯默正用活字为一首《红鹰挽歌》排版。前面提到过,凯默是一位很有天赋的年轻人,品德高尚,在费城非常受人敬重。他是议会的职员,也是一位相当不错的诗人。凯默也作诗,但很随便。他的诗不能说是写出来的,因为他的方法是直接用铅字排出来,没有手稿。他只有一盘铅字。那首《红鹰挽歌》可能需要用全副铅字,没有人能帮他。我尽力调试他那台印刷机(那台机器他从未用过,而且根本不知道如何使用),并答应等他的《红鹰挽歌》排好版后,就过来帮他印出来。我又回到布拉福德那里,他给我找了点活让我暂时干着。我在他那儿吃住。几天后,凯默派人找我去给他印《红鹰挽歌》。如今,他又添置了两盘铅字。他另外还有一本小册子需要重印,于是,他让我着手印刷。

这时,我在镇上已经结识了一些朋友,他们都是些爱好读书的年轻人,我不记得和他们在一起度过了许多个充满乐趣的夜晚。我勤奋工作,省吃俭用,积蓄了一点钱,生活得很愉快,尽可能忘记在波士顿的烦恼。

那时,殖民地总督威廉·基思爵士恰好也在纽卡斯尔。当我的信送到时,荷麦斯船长刚好跟总督在一起,就跟他谈起了我,并把信给他看了。总督看过我的信后,听到我如此年轻感到十分惊异。他说看来我是一个极有前途的青年,应当加以鼓励。他认为费城的印刷业水平很差,要是我能够自己开业,肯定会事业兴旺。他还愿意让我承包政府的生意,并且力

165

所能及地为我提供便利。我当时对此自然一无所知,这些都是后来我姐夫荷麦斯在波士顿给我讲的。

有一天,我和凯默正在窗户旁干活,忽然看见总督和一位衣着考究的先生(后来得知是纽卡斯尔的弗伦奇上校)从街道对面径直朝我们的印刷所走来,很快就听见他们到了门口。

凯默以为是访问他的,立刻跑了出来,但总督却是找我。他走到我跟前,非常礼貌地对我称赞了一番。对此我一向很不习惯。他说他想同我认识认识,并善意地责怪我刚来费城时不该不跟他打个招呼,他说他要和弗伦奇上校去品尝一种极好的烈性酒,并要我和他一道到酒店去。这令我吃惊不小,而凯默更是目瞪口呆。

于是,我便和总督及弗伦奇上校到了第三大街拐角处的一家酒店。饮酒时,他建议我自办印刷所,并向我列举了成功的种种可能性。他和弗伦奇上校都向我保证要利用他们的影响和权力使我得到军政两方面的生意。我担心能否得到父亲的帮助,威廉爵士说他会给我父亲写封信让我带回去,向父亲说明在此开业的有利条件。他毫不怀疑他能够说服我父亲。最后决定,我带着总督写给我父亲的信,搭乘第一班客船赶回波士顿。我的计划暂时保密,就像往常一样继续和凯默一起干活。总督时不时地派人请我去和他一起进餐,这真使我感到莫大的荣幸。而且他以最和蔼、最亲切、最友好的态度和我交谈,这也是我不敢想象的。

05 来到英国

一位堂堂的总督竟然会对一个年幼无知的穷孩子如此卑鄙地耍这样可悲的鬼把戏，对此我们又该做何感想呢？

大约在1724年的4月底，有一只帆船开往波士顿去。我向凯默告别，说是要去看朋友。总督交给我一封长信，信中向我父亲说了些过分称赞我的话，热心地推荐我在费城开业的计划，说这件事一定会使我发财致富。我们在驶出港湾时船触礁了，船体裂了一个大口子，我们在海上遇到大风，只得进行人工排水，大家轮流值班。不管怎样，船行了14天，我们安全地到了波士顿。我离家已经7个月了，我的朋友们没有听到一点关于我的消息，因为我姐夫荷麦斯尚未回家，也没写过关于我的消息的信。我的突然出现使家人大为惊讶，不管怎样，都很喜欢看见我，并欢迎我，除了我哥哥以外。

父亲接到总督的来信，显然十分吃惊，但他一连几天没有向我提及此事。荷麦斯船长回来，父亲就把信给他看，问他是否了解基思总督，他是什么样的人物。他说，这位总督想让一个三年之后才算成人的青年开业，实在是有些轻率。

荷麦斯对这个计划极力表示赞同,但是父亲心中明白,此事并不得当,最后便断然拒绝。他给基思总督写了一封措词客气的信,感谢他对我的惠顾,谢绝了他资助我立业的计划,因为在他看来,我过于年轻,无法担此重任,况且光为开业就得准备一笔可观的费用。

我的父亲虽然不赞同基思总督的提议,但对我从当地如此有声望的人那儿得到一封赞赏有加的信,对我能在如此短的时间内凭着自己的勤劳和谨慎把自己打扮得如此体面,仍感到十分快慰。看到我和哥哥短期内仍无望和解,他同意我重返费城,当然,他告诫我待人接物要谦虚恭敬,以取得人们一致的好感,切忌讽刺诽谤政府,他认为我有这种不好的毛病。父亲又嘱咐我靠持久的勤劳和悉心节俭,争取到21岁时能有足够的积蓄开一家印刷铺。假如到时我的积蓄已接近开业所需,他会帮我凑足的。除了一些小礼物以示父母之爱外,这就是当时我所能得到的一切。当我再次登船去纽约时,心中想,此行是经父母大人同意的,并伴有他们的鼓励和祝福。

总督似乎很喜欢和我作伴,经常邀请我去他家做客。说起帮助我立业一事,他的口气总是斩钉截铁的。除了带上信用证,让我有足够的钱购买印刷机、铅字、纸张等以外,他还要带上数封给朋友的引荐信。他和我约了好几次时间,说那时信已写好,可到他那儿去取,他却总说过两天再来取吧。就这样,他一直拖到船即将起航,而船期已经延迟数回了。这时,我去向他道别,同时取信。他的秘书巴德博士跑出来对我说,总督正忙着写信,但他会比船先到纽卡斯尔的,在那里把信转交给我。

我乘船离开了费城。当时船停泊在纽卡斯尔。总督已经到了那儿。可是当我来到他的寓所时,秘书出来见我,转达了他的万分歉意,说现在要务在身,实在不能见我,但会把信送到船上,并衷心祝愿我一路顺风,早去快回。我回到船上,颇感困惑,但仍没有怀疑他的诚意。

费城著名律师安德鲁·汉密尔顿和他的儿子,还有教友会商人德纳姆先生,马里兰一家铁厂的老板,奥奈恩和拉塞尔先生都在同一条船上。

第六章 富兰克林自传

他们已经订下头等舱,我们只得去三等舱占个铺位,并且因为船上的人都不认识我们,因此都把我们当做普通人。但是,由于汉密尔顿先生让人用巨款请去给一艘被没收的船辩护,他和他的儿子(他叫詹姆斯,后来当了总督)就从纽卡斯尔返回费城。我们正要起航,弗伦奇上校上船了。他对我十分敬重,人们于是也对我刮目相待;加上头等舱已有空位,我和朋友拉尔夫也就被邀至那儿,搬了过去。

我知道弗伦奇上校上船时带来了总督的信件,于是就向船长索要那些由我携带的信。他说,信都放在一个兜子里面,现在没法一一取出,不过,在我到达英国之前,他会给我机会挑出这些信件的。于是,我安下心来。船又继续航行。舱内旅伴友善相处,汉密尔顿先生又留下全部旅途用品,我们生活得十分愉快。旅途中,德纳姆先生同我结下了友谊,在他有生之年,我们一直保持这种友情。如果不是因为天气十分恶劣,旅途本来是会更加愉快的。

当航船驶入英吉利海峡时,船长履行了诺言,给我一个机会在袋子里查找总督捎来的信件。我翻上翻下地搜索信封上写明由我经手转交的信件,却一封也没找着,我只得从袋子里另挑出六七封,根据笔迹看,我想这些恐怕就是总督应诺写的推荐信了,尤其是其中有一封是写给那位皇家印刷商巴斯基特的,另一封则是给某文具商的。

1724年12月24日,我们抵达伦敦。我前去登门拜访那位文具商——我找的第一个人,呈上了推荐信,说是基思总督捎来的。"我可不认识这么个人,"他说。可是等他启了封,又说:"噢,是里德尔斯顿的信。我最近才发觉他是个彻头彻尾的无赖,我不再与他共事了,也不要接他的信。"于是,他把信塞到我手里,猛地转身,撇下我去接待某个顾客了。我吃惊地发现,这些原来并非总督的信。在我回顾并斟酌了事情的每一个细节后,我对总督的诚意开始起了怀疑。我找到了我的朋友德纳姆,把事情的经过讲给他听。他给我介绍了基思的人品,对我说:"总督为你出推荐信没有一丝一毫的可能性;凡是了解他的人,都压根儿不会依靠他的。"此外,他还对总督给我信用状这个主意奚落了一通,因为——用他的话说——他根本不讲什么

169

信用。我向他表示了日后该怎么办的担忧,他建议我尽力在我的本行中找一份差事。"生活在这儿的印刷商圈子里,"他说,"你会得到长进的,等你返回美洲,这对你自己开办印刷厂将极为有利。"

我们俩和那个出版商一样,都是偶然发现那个代理人里德尔斯顿是个大骗子的。他怂恿里德小姐的父亲听了他的馊主意,结果差点把他给毁了。从这封信来看,似乎有一场针对汉密尔顿(当时以为他要跟我们一起来的)的阴谋正在秘密实施。从信里还可以看出,基思和里德尔斯顿都与此阴谋有牵连。德纳姆是汉密尔顿的朋友,他认为应当让汉密尔顿知道此事。因而,不久以后,汉密尔顿一到英国,我便去拜访,把信交给了他。我这样做一半是出于对基思和里德尔斯顿的怨恨和敌意,一半则是出于对汉密尔顿的好感。由于这一消息对他很重要,他诚挚地对我表示了感谢。从那时起他便成了我的朋友,后来,他多次给予我极大的帮助。

然而,一位堂堂的总督竟然会对一个年幼无知的穷孩子如此卑鄙地耍这样可悲的鬼把戏,对此我们又该做何感想呢?这是他养成的习惯。他想要取悦所有人,但除了希望又什么也不肯给人。

我在伦敦大约住了 18 个月,大部分的时间我工作得很辛苦,除了看戏和读书,很少把时间用在自己身上。我的朋友拉尔夫把我弄穷了,他从我这里借去的钱大约有 27 镑,这笔钱毫无收回的希望,然而在我的很少进款之中却是很大的数目呀!我喜欢他,不管怎样,因为他还是有许多可爱的品质。我并没有增加我的财富,但是在众人之中认识了几位聪明智慧的人,他们的谈话是大大有益于我的,并且我还曾不断地读了许多书。

06 开始创业

我渐渐地确信,在人与人之间的交往中,真实、诚恳和正直是至关重要的。

第六章 富兰克林自传

我们在1726年7月23日自哥雷佛桑特起航，10月11日在费城上岸。

凯默以高额的年薪诱使我去帮他管理印刷厂，让他可以集中精力照管文具店。我在伦敦时曾在他的妻子和朋友处听说他的人品不好，所以不愿意再和他有来往。我试图在某个商人那里找个文书的职位，可是却没有碰到任何这样的机会，只得和凯默再度合作。

后来，一件微不足道的小事，导致我们的关系最终破裂。一天，从法院附近传来很大的吵闹声，我把头伸出窗外，想看看究竟发生了什么事情。

恰好凯默正在大街上，抬头看见了我，对着我吼叫起来，怒气冲冲地叫我少管闲事，接着又说了一些责骂我的话。他竟然当着众人的面这样对待我，这使我大为恼火。当时街上的邻居们都看到了他羞辱我的情形。他立即跑到印刷厂楼上来，继续跟我争吵，于是双方破口大骂。他提出解除合约，根据合同的规定我还享有三个月的宽缓期。他叫嚷着当初把宽

缓期规定得太长了。我对他说，你不用后悔，我马上就走。于是拿起帽子走出了门，在楼下遇见了梅雷迪思，我吩咐他照料一下我的东西，并把它们送到我的宿舍。

梅雷迪思在黄昏时按照我的话来了，当我们讨论我的事情时，他非常关心我，并且很不愿意我离开印刷厂而他还留在那里。我想回家乡去，可

171

羊皮卷

他劝我别急着走，他提醒我注意凯默因为负债，他的所有的东西都已抵押，他的债权人已在感觉不安，他把他的店经营得很糟糕，常常为了现金周转而照本出卖他的货物，并且常常赊卖东西，并不记账，所以他一定要失败，这样就有了我可以利用的空隙。我说我没有本钱。他告诉我他的父亲很看重我，他们之间曾经谈过几次话，他担保出钱给我开店，如果我和他合伙的话，他说："我和凯默所订的合同在春天就期满了，到那时我们可以从伦敦买来印刷机和铅字。我自知我算不得个工人，如果你愿意，我出资金，你出技术，那么，我们平均分配我们赚得的利益好了。"

我欣然同意这个提议，精神为之振奋。他的父亲正在城里，也赞成这个计划，尤其是看我对他的儿子有很大的潜移默化之力，曾使他戒绝喝酒，所以他希望我们能够密切合作，这样可以破除他全部的坏习惯。我把一张货物单开给他的父亲，由他交给商人代办各物，在东西没有运到之前暂时保守秘密。在这期间，我想在别的印刷厂里做工作。但是，各印刷厂都没有空缺，所以就闲散了几天。那时，凯默正承印新泽西的钞票，这件事必须要有雕刻图版和各式的字体，那些东西只有我能够做，并且他恐怕布拉福德会请我去承办这项生意，在这种情形下他给我一个很有礼貌的口信，说老朋友不要为了在情绪激动时说出的几句话就分开，希望我能回去。梅雷迪思劝我答应，他认为在我的日常训练下这件事可以使他有更多进步的机会，所以我就回去了。我们过得比以前的日子要平静得多。

新泽西的生意承办到手了，我设法为他做铜版来印，这在本国还是第一次见到，我把这钞票雕刻了一些花纹和字码等东西。我们一起到伯林顿去，在那里我把全部工作做得使人满意，因此他赚了许多的钱，这才使他在一个较长时间内不致破产。

我们在伯林顿待了近3个月。我结识的朋友中有一个极有见识的老人。他告诉我说，他年轻时是从为制砖工人运土开始自立的。成年以后，他学习写作，为勘测员们搬测量仪器，而他们则教他学测量。现在他已靠自己的勤奋挣了相当大的一份家业。他对我说："我预见到不久的将来你就会使那个人失业，并在费城的印刷业中发财。"

第六章 富兰克林自传

在开始讲述我在商界公开露面的情况以前,不妨让你了解我当时在原则与道德方面的思想状态,从中你会明白这对我后来的经历有多么深刻的影响。

小时候,我的父母很早就向我灌输了宗教思想,从孩提时代起,我就虔诚地用新教徒的方式规范自己。然而,在对好几个论点逐个怀疑了一番之后(因为我发现那些论点在我读过的不同的书里是相互矛盾的),当时还不满15岁的我便开始对《启示录》本身产生了怀疑。我弄到了几本反对自然神论的书。据说那些书是玻意耳在讲座中布道的要旨。然而,事与愿违,那些要旨恰恰对我起到了相反的作用。书中引用自然神论者的那些论点本来是为了驳斥它们,然而在我看来,那些论点要比反驳的论据有力得多。简言之,不久,我便成了一个彻底的自然神论者。我的论点还使其他一些人走上了"歧途",尤其是柯林斯和拉尔夫。不过,这两个人后来都大大冤枉了我而毫无内疚之感。我在伦敦写的小册子中,用了德莱顿下面的诗句,作为扉页题词:

存在就是真理,半盲的人
只见部分锁链,最近的一节;
那光线暗淡的双眼却无法触及,
那是天上称量一切的公平秤。

那本小册子还从上帝才有的无边智慧、仁慈和权力中得出结论:世上的事情没有一件是不对的,区分邪恶和德行是没有意义的,并不存在好恶诸事。但是现在看来,这一题词和这一结论,并不如我所想的那样,是个十分聪明的做法。我开始怀疑,有些错误可能已经不知不觉地从我的观点中反映出来,以致影响了我的所有追随者,因为在进行思辨哲学的推论时,这种情况是很普通的。

后来我渐渐地确信,在人与人之间的交往中,真实、诚恳和正直是至关重要的。我把终生都要践诺这些品德的决心落笔于纸,至今仍保留在我的日记本内,而"启示"本身则对我无足轻重。不过,我还是持有这样的见解:虽然某些行为并不因为启示所禁止就是邪恶,或者启示所命令就

羊皮卷

是善良,然而,很可能这些行为就其自身性质而言,因为对我们有害而被禁止,对我们有利而被要求去做。如果把所有的情况综合起来考虑的话,这个信念,在上帝仁慈之手的佐助下,或者在某个天使的庇护下,或者在幸运的处境驱使下,或者在这些因素的支配下,使得我在充满险情的青年时代,也使得我在远离父亲照应和指教的举目无亲的危险境地之中,没有任何任性和粗俗的不义不德行为。而这本来是很容易发生的,因为我不信宗教。

我说任性,是因为我所提及的事例中,由于我年轻无知,缺乏经验以及他人的作风不正,包含着某种必然性。所以在闯荡世界之初,我已具备了还算不错的人品,我认真地估计了它,决心坚持这样的品格。

我们回费城没过多久,新铅字从伦敦运到了,在凯默得到这个消息之前,我们同他结清了账,经过他的同意,离开了他的印刷厂。我们在市场附近找到了一座出租的房子,租下了它。那时房租为一年24镑,后来我才知道此房要过70镑的租金。但为了进一步减少租金,我们和玻璃匠戈弗雷及其家属合住,他们承担了相当大的一部分房租。我们的印刷厂刚一开张,刚把印刷机准备就绪,我的一位熟人乔治·豪斯在街上遇见了一位寻找印刷工作的乡下人,就把他带来见我们。我们所有的现金都花在了各种必须购买的物品上了,这个乡下人的5先令是我们的第一笔收益,来得正是时候,它使我比以后挣得克朗更为高兴。我对豪斯的感激之情促使我更乐意援助那些刚刚开始创业的青年人。

任何国家都有预报灾难的预言家,费城当时也住着这么一个人,一个很有名气的老人,他外表睿智,说话神情肃穆,此人名叫萨缪尔·麦克尔。我与这位先生素昧平生。一天,他站在我的门口,问我是不是最近新开张的印刷铺的年轻人。得到肯定的回答后,他说他对我感到惋惜,因为这是桩花费很大的事,而投资都将蚀本。原因是费城是个正在败落的城市,许多人已经或濒于半破产的境地,而表面现象正好相反,如高楼大厦拔地而起,房租一个劲地上涨,根据他的知识来判断,这就是虚假繁荣。事实上,这些很快会把我们带上毁灭之路。他又向我详细讲解了当时发生的灾难和将要发生的灾难。他离开后,我竟有些抑郁起来,假如我在开业之前认识他的话,我可能不会再开印刷厂了。可是过去多少年了,这位先生仍住在这座衰落的城市里,用同样的陈词滥调向别人宣传着毁灭将临的预言,许多年来他也没买房子,因为一切都将毁灭。后来,我高兴地看到他出了比第一次预言时高出5倍的价格买了一所房子。

我早该提到一件事情,在上一年的秋季,为了互相促进,我把我所认识的多数有才智的朋友召集起来,组成了一个俱乐部,我们把它叫做"讲读会"。每星期五聚会一次。我起草的一个章程规定,每个会员应轮流交出一个或数个有关道德、政治或自然哲学方面的论题来,大家共同讨论,每隔三个月交送并宣读本人的短文一篇,题目可任选。由社长主持的辩论会应本着探求真理的真诚精神,而不应以爱争辩或急于求胜的态度来进行。为了阻止辩论中情绪过于激动,所有表示肯定意见和直接反对意见的争辩均不得超过一定的时间和程度,违者处以少量罚款。

"讲读会"在当时是一所学习哲学、道德、政治的最佳学校,因为我们提出的质疑在讨论之前一星期就已出了告示,这就促使我们留心这几门学科的书都要读到,这样一来,发言也许就更得要领了。此外,我们还培养了比较好的交谈习惯,不论学习什么,都得按照我们的章法进行,这样做可以防止我们发生冲突。因此,"讲读会"长期地坚持了下来。

话说回来,我在这儿对此事津津乐道,为的是表明我所获得的益处,"讲读会"的这些成员无一不竭力向我们推荐生意。尤其是布伦特诺,在教友会替我们联系上了一桩印刷厚达40面的会史生意,其余的生意根据原计划交由凯默承印。这宗生意,印价很低,我们只得拼死拼活地干。

这是一本对开的书,正文用十二点铅字排印,注释用十点铅字排印。我每天拣排一面,由梅雷迪思上机印刷。等我完成供第二天印刷的那部分任务时,往往已到深夜11点了,有时甚至还要迟,因为其他朋友不时送来的零星活计把我们的速度拖了下来。可是我下决心,坚持每天完成一面。一天晚上,我排完一系列表格后以为这一天工作已经结束,不料,却发现其中一份表格散了版,有两页乱得一塌糊涂,于是我立即拆版,重新拣排，直到完工后才去休息。这种勤奋吃苦的劲儿，受到邻居们的一致称赞。有人告诉我，尤其是在商人的那个"每夜俱乐部"，纷纷提到了新开的那家印刷厂，一致的看法是它肯定要倒闭，因为在这个地方已经有两家印刷厂了——凯默印刷厂和布拉福德印刷厂。可是贝尔德博士（即事隔多年后我在其故乡苏格兰的圣安德教堂见到的那一位）却提出了与大众截然相反的见解。"那个富兰克林呀，"他说，"比我有生以来所见到的任何一个人都要勤奋。夜晚我从俱乐部回家时他还在干活。早上街坊邻里还没起床，他已经又干活了。"这席话打动了其他的人，不久就有商人找上门来，建议我们给他代销文具，可是直到当时我们并没有开店做生意的打算。

我老是强调和提到勤奋，虽然看起来像是我给自己脸上贴金，但是我的后代读到这里，当他们看到这个品质带来的实际效果时，就会明白它的可贵之处了。

那时，我想自己办一份报纸。当时只有一家报纸，是一份毫无价值、经营无方、枯燥乏味的报纸，居然也能赚到钱。因此，我想办一份好报会更受欢迎，不会失败的。正好凯默也办起了报纸，最多时订户也只有90个，坚持了一个季度后，他就低价转让给我。由于我已有所准备，就立即接手了。事实证明，有好几年的时间，我从办报中获得了极其丰厚的利润。

我知道我喜欢用单数第一人称说话，虽然此时我和梅雷迪思还是合伙经营，也许是因为，事实上整个业务的经营管理全依仗我一人，他不会排字，印刷水平又不高，难得有几天不喝醉的时候。朋友们为我与他合伙感到惋惜，但我还是尽量把事情做好一些。

我们的第一批报纸以不同于该省过去的任何一份报纸的面貌问世了。它版式好，印刷也好。当时，勃奈特州长和马萨诸塞州议会之间正在进行激烈的斗争，我在这件事情上所做的一些犀利的评论引起这些权势人物的注意，从而使我们的报纸及其经营者成了他们经常谈论的内容。几周之后，那些要人都成了我们的订户，而且他们还有一大批追随者，使我们报纸的发行量持续上升。

这是我粗通写作带来的好处之一。另一个好处是：那些领导人物看到现在有一份报纸的经营者居然也能耍笔杆子，便认为不妨给我以帮助和鼓励。

布拉福德仍然承担着印制选票、法规及其他公共文件的印刷业务。他曾印刷过一件议院给总督的咨文，印刷质量低劣，错误百出。我们精美而正确地把那件咨文重印了一遍，并给每位议员寄去一份。

他们注意到了两种版本的差别。我们的版本加强了我们在议院里的朋友的力量，于是他们投票让我做他们下一年的印刷商。在议院的朋友里，我绝不会忘记前面提到过的汉密尔顿先生。当时，他已从英国回来，在议院里占有一席。在这件事上，我得到了他的大力支持。他一生对我爱护备至，以后在其他事情上也是这样。

1729年前后，社会上出现了一种要求州政府增加纸币的投入的呼声。当时，宾夕法尼亚的纸币流通额只有15000镑，而且还在陆续减少。可是富裕阶层反对增添纸币，他们担心这样会使纸币贬值，像在新英格兰曾经发生过的那样，对债权人的利益造成损害。我们在"讲读会"里对这个问题进行了探讨。我赞成增加纸币，坚持认为1723年首次发行的小批量纸币对公共利益产生了很好的效果，致使本地的商业贸易和居民数量都有明显增加，现在可以见到的证据就是老房子都有人居住，许多新房子正在拔地而起。我清楚地记得，当我嘴里啃着面包卷首次在费城街上闲逛的时候，看见在胡桃街到前街这一段街道上的大多数房屋门上都贴着招租广告，板栗街和其他街道上的许多房屋也是如此，这种情形使我想到，此地的居民正在不断地离开这个城市到另外的城市去。

我们之间的辩论促使我深入思考这个问题，我为此花费了大量的时间。结果是，我就此问题写了一本小册子，题为《试论纸币的性质和必要性》，并匿名印刷出版。这本书为增加纸币的呼声推波助澜，虽然受到有钱人的敌视，但是却受平民百姓的欢迎。那些富人们偏偏又找不到人来反驳我在小册子中的意见，于是，议会的大多数议员接受了我的观点。我在这件事情上所起的作用受到议会中朋友们的重视,他们认为我有很大功劳,应该给予回报。于是把纸币的印刷业务承包给我。这着实帮了我的大忙,因为这是一笔很赚钱的生意。这是我善于舞文弄墨所获得的又一大好处。

随着时间的推移和人们对经济认识经验的积累,增发纸币的效用被普遍承认。后来就根本不必要对此进行辩论了,所以不过多久就增发到55000 镑,在1739 年达到8 万镑,以后因战事而增发到35 万镑。在这个时候,商业、建筑和人口都有增加。不过,我意识到现在发行纸币应有一个限度,超出了限度的数量也许是有害的。

不久,我又由我的朋友汉密尔顿的帮助,获得承印纽卡斯尔纸币的生意。那时我以为这又是一件有利可图的生意了。在小环境中看起来小事物也显得巨大了。至于这些生意,据我看来,也确有很大利益,因为它们对我有很大的鼓舞作用。他又为我介绍承印政府的法典和选票的业务,这件生意在我做这个行业时一直是由我来做的。

我现在开了一所小小的文具店。店中出售各种表格,是市上所仅见的错误最少的一种。那是我的朋友布伦特诺帮助我的。我也卖纸张、羊皮纸、账簿,等等。那时人家尊我为一个勤劳节俭的青年。我买东西不拖欠,这些进口文具的商人都拉我做主顾;还有别的商人以书籍供给我,所以我进行得很顺利。

在这时候,凯默的信用和事业一天天地衰败了,终于逼得他把他的印刷厂卖掉来还债。他跑到巴巴多斯,在那里待了几年,境况极为窘迫。

07　创立公共图书馆

如果有件事在一时不能确定是谁的功劳,有些比你更爱虚荣的人便可能自称是他个人的功劳,而以后受到人们的嫉妒时,他又会还你以

第六章 富兰克林自传

公正。

当我在费城自立之时,在波士顿以南的任何殖民地还找不到一家像样的书店。纽约和费城的印刷商实际上只不过是文具商。他们只出售纸张、日历、歌谣及一些很普通的教科书。那些酷爱读书的人只能托人去英国购书。"讲读会"的成员每人都拥有一些藏书。我们离开了原先聚会的酒店,租了一间房间作为俱乐部活动的场所。我提议大家把自己的书带到那个房间里来。这些书不仅可以供我们聚会时随时查阅,而且还可以成为俱乐部成员的一项公益。每人都可像在自己的家里一样自由地借阅希望阅读的书籍。我的这个建议得到实施。在一段时间内,大家都感到满意。

由于从这一小批图书的汇集中尝到了甜头,我又提议开设一家公共会员制图书馆,让更多的人从书籍中受益。我拟定了一个简单的计划和必要的规则,请一位老练的律师查尔斯·布罗克登先生将我草拟的内容改写成协定的条款,让人在上面签名。协定规定每位订阅图书的议员必须先付一笔钱,用以购买第一批书籍,以后每年付费以增加藏书量。那时费城读书的人还非常少,我们当中大多数人都很穷,以致我东奔西跑也只不过找到了 50 来个年轻商人。我们靠这笔微薄的基金起家,书籍从国外进口,图书馆每周开放一天,向会员出借书籍。如果逾期不还,则根据约定的条款加倍付款。这项公益事业不久就显示出了它的优越性,被其他的城镇和地区效仿。图书馆通过捐赠得以扩大,读书成了时髦。大众由于没有其他公共的娱乐活动将他们的注意力从学习中引开,于是就和书结下了不解之缘。数年之后,外来人可以注意到这里的民众一般要比其他国家同一层次的平民更有教养、更加有知识了。

当签订我们和我们的子孙都得遵守的为期 50 年的上述借书条款时,布罗克登先生,这位代书律师劝我们说:"你们是青年,但是你们中间任何一人都很少可能活着看到证书上写定的年限满期了。"虽然现在我们中间还有许多人仍旧活着,但图书馆却将长期存在下去,因为没过几年,我们就获得了政府的特许证。

179

羊皮卷

在征求会员时我遇到了反对和勉强答应的情形,这使我立刻觉得借个人名义为任何有效计划的建议是不适当的。当一个人需要人们的助力以完成那个计划时,他们也许疑心这样会有一点把个人的声誉提高到他们之上。于是,我把我自己放在不被注目的地位,并且说明这是许多朋友的设计,他们是爱读书的人,请我来进行和设法实施。用了这个方法,我的事情进行得极为顺利。自从这一次的成功,以后在这种情形下我总是用这个方法,并且诚恳地介绍给别人。你目前牺牲了一点虚荣,以后将得到巨大的回报。如果有件事在一时不能确定是谁的功劳,有些比你更爱虚荣的人便可能自称是他个人的功劳,而以后受到人们的嫉妒时,他又会还你以公正,摘下那篡夺来的荣誉的桂冠,把它们送还给合理的主人。

图书馆为我不断钻研学习创造了条件。每天,我停留在里面一两个钟头,用这个办法相当地补足了我没有受过高深教育的缺憾,那是父亲从前所期望的。我自认读书是我唯一的娱乐。我从不把时间浪费在酒店、赌博,或任何一种的恶劣的游戏上。而我对于自己事业的勤劳仍是不厌不倦。我为印刷所拖欠的债务还没有还清;还有幼小的孩子慢慢地要受教育了,还要和两家在我之前就在这里开店了的印刷厂作事业的竞争。然而,我的境况一天比一天舒服了。我本来的俭朴习惯仍旧不变。我幼时,我的父亲在他的教训之中常常引用所罗门的一句格言——"凡一生勤劳的人,他将要站在帝王之前,而不站在下等人之前。"从此以后,我以为勤劳是得到财富和名声的方法。这句格言鼓励我,虽然我不曾想到真的会站在帝王之前。这件事,也终于做到了,因为我真的站到了5位国王的面前,甚至有幸和丹麦国王同席共餐。

08 我的十三条美德修养

坏习惯必须破除,好习惯必须培养树立,我们才能期望我们的举止能够坚定不移、始终如一地保持正确。

大约就在这前后,我构想出了一个到达尽善尽美的道德境界的大胆而又艰巨的计划。我希望能无论何时都不犯任何错误地生活,征服邪恶,不论是天生的嗜好、陋习或者是交友不善可能把我导入的误区。我知道,或者自以为知道,什么是正确的,什么是错误的,可就不明白为什么我不能一直把握住正确的,不做错误的。

不过,我很快便发现,自己承担的这一任务比想象的要困难得多。当我的注意力被用来防范某一个错误时,却常常意想不到地发现犯下了另一个错误;习惯钻了疏忽的空子;癖好有时则过于强大,压倒了理智。

最后,我得出结论:仅仅在理论上相信做到道德上的十全十美对我们自然有益,但还不足以防止我们不犯错误;坏习惯必须破除,好习惯必须培养树立,我们才能期望我们的举止能够坚定不移、始终如一地保持正确。

在我的阅读过程中我发现,所谓美好品德有各种各样,不同的作者对同一道德品质所确定的含义也不尽相同,所以分类也不相同。打个比方说,"节制"这一道德,有人把它定义在饮食方面,另一些人则将它的含义延伸得很广,包含了调节其他方面,诸如快乐、欲望、爱好、肉体、或精神方面的渴望,甚至包含了我们的贪婪和野心。为了明确起见,我宁可为自己多列举一些道德名目出来,每一名目下少包含一些含义,而不是少列道德

羊皮卷

名目而多添含义。我列出了 13 个道德项目,我认为这在当时是我希望,而且也是必须做到的,每一项目后附上一条简约的格言,这就全部地表达了我对每一道德品质含义的理解。

这些道德名目及其含义如下:

1. 节制。食不过饱;饮不过量。

2. 沉默。避免无谓闲扯,言谈必须对人有益。

3. 秩序。你的一切东西该有它们的位置;你的事业的各部分该有它们的时间。

4. 决断。决定做你该做的事;决心做的事一定要按时完成。

5. 节俭。不得奢侈浪费,任何花费都要做到有益,不论是于人于己。

6. 勤奋。勿失时,要常常用之于有用的事;弃掉一切不需要的举动。

7. 诚实。勿为有害之欺诈;勿思邪恶,唯念正义;如有言,言必诚。

8. 正直。不损人利己,应尽的义务要履行。

9. 中庸。避免走极端,克服一切报复心理。

10. 清洁。身体、衣服与习惯,不许不洁。

11. 宁静。勿为琐事或普通和不可避免的事件而自扰。

12. 贞节。除非为了健康和后嗣不行房事;行房事的时候,不要做到无味,衰弱或者损害你或别人的安宁或名誉。

13. 谦逊。效法耶稣与苏格拉底。

我认为,要养成所有这些美德的习惯,不宜试图同时全面开花而造成注意力分散,最好在一个时期内把注意力集中在其中一种美德上,养成一种后再继续追求另一种,以此类推,直到把十三种美德全部养成。

09　《穷查理历书》出版

历书中所有的一点空间都填以格言式的句子,主要的如教人勤劳节俭,作为致富的方法,由此培养出一种美德。

1732年,我第一次刊行我的历书,署名为理查·萨得斯。这本书我继续刊行了大约25年,普通称之为《穷理查历书》。我把这本书做得既有趣,又实用,因此,风行一时,每年可发行将近千万本,我也获得很大的利益。凡本省的普通人民,莫不人手一册。我想如果以这本书做教导普通百姓的利器是再合适没有了,因为他们很少买其他的书。我于是在历书中所有的一点空间都填以格言式的句子,主要的如教人勤劳节俭,作为致富的方法,由此培养出一种美德。因为对于一个穷困的人而言,要求他持久不变地诚实廉洁是很困难的,这正如一句成语所说:"空无一物的袋子是难以站得笔直的。"

这些格言包含着古往今来的智慧,我将它们收集起来,编为一集,印在1757年的历书的卷首,像一位智慧老人对人民大声演讲。把这些分散的忠告集中一起,使他们能受到更多的感动。这个作品,受到人们普遍称赞,美洲各报都转录;英国用大纸单页翻印,供室内张贴;在法国有两种译本,大多数的教士和绅士都买了它,送给他们的教区里穷苦的居民和佃户。在宾夕法尼亚,由于我的这本书劝阻了毫无用处对外国奢侈品的消费,有些人以为这本书也有一部分力量,使本省财富渐渐增加,在它出版以后几年就看得出来了。

同样,我把我的报纸看做是传播教诲的手段。因此,我的报纸上经常摘录转载《旁观者》报上的文章及其他作家的作品,有时候,也刊登我本人写的一些小文章。那些小文章原先都是为在"讲读会"俱乐部宣读而写的,其中有一篇是一段苏格拉底式的对话。那篇文章旨在证明:一个道德沦丧的人,无论其才华和能力如何,都不能被称为明智的人。另外还有一篇论述自我否定的谈话,指出一个人只有在他实行美德成了习惯时,才能算是具有美德,摆脱了相反倾向的桎梏。这些文章大概可以在1735年初的报上找到。

10 我的自然科学研究

按照我书中提出的一个实验项目,他们成功地从云中引出了闪电。这件事轰动一时,闻名遐迩。我成为皇家学会的会员。

1746年在波士顿时,我遇到了斯宾斯博士。他是不久前刚从苏格兰来到那儿的,给我做了一些电器实验。由于他经验不足,这些实验做得不很理想;然而实验对我来说是一个全新的课题,因此使我感到惊奇和开心。我返回费城后不久,我们的图书馆收到了伦敦皇家学会会员彼德·柯林森先生赠送的一件礼物——一只玻璃试管,内附有实验操作说明。我急切地抓住这个机会,反复进行我在波士顿见到的实验。通过大量练习,我已能十分得心应手地操作这些实验,除了附有伦敦拟定的操作说明的实验项目外,我还增加了一些新的实验项目。

我之所以讲我做了大量的实验,是因为一段时间内,我家里总是挤满了前来观看这些奇迹的人。

为让我的朋友们替我分担一点,我请玻璃厂制作了许多相同的玻璃试管,提供给他们。这样,我们终于有了好几个实验表演者。在这些朋友中,为主的金纳斯利先生是一位脑瓜机灵的邻居。他正失业在家,我鼓励他做实验表演挣钱,并为他撰写了两篇讲稿。讲稿中,各实验项目按照这样一个次序进行安排,并紧接着按照这样一种方法进行解释,即:前一个项目应能有助于观众对下一个项目的理解。他特地为此置办了一套精美的实验器具,其中我自制的那些粗陋的仪器,都由仪器制造工人制造的美观别致的仪器取代了。听他讲演的观众非常多,而且都很满意。有一段时间后,他周游了各殖民地,在各首府都市进行表演,一点一点地攒钱。可是,在西印度群岛却遇到了困难,那里空气十分潮湿。

为了表达对柯林森先生把玻璃管送给我们作为礼品的谢意,我想应当告知他在使用玻璃管方面我们取得的成绩,我给他写了几封信,介绍了我们做实验的情况。他将信件在皇家学会上宣读了。起初,他们认为这些不值得在学报上发表。后来,我又为金纳斯利先生写过一篇文章,论述了闪电和电具有相同的性质。我把该文章寄给了我的朋友米切尔博士,他也是皇家学会成员,他给我回信说,我的文章已在学会中宣读,但遭到了同行们的讥笑。但是,这些论文被福瑟吉尔博士看到了,他认为文章很有价值,不应被埋没,建议将文章印出。柯林森先生后来把文章交给凯夫,让他在《绅士杂志》上发表,但他却将文章印成独自成篇的小册子,由福瑟吉尔博士撰写序言,看来凯夫对获得利润的判断力很强,这些文章加

羊皮卷

上后来寄去的文章增加到一册四开本书的分量,现在已经出版了五次,但他却一次版税都没有付给我。

应该承认,英国在一段时间内还没有对我的文章引起足够的重视。一个偶然的机会,我的这些文集被法国的布封伯爵发现,他是法国,实际上应该是全欧著名的科学家,他让戴利巴尔先生把文章译成法文,并在巴黎出版。然而,此事激怒了诺莱神父,他是王室的自然哲学导师,一个很有能力的实验家,他曾编写并出版了电学理论的书,当时曾经风行一时。他起初不相信我的著作是出自一位美洲人,并说这一定是他的敌人在巴黎炮制出来的,以诋毁他的理论体系。虽然以前曾怀疑过,但后来他相信在费城确有一个叫富兰克林的人,于是,他写了许多信并将它们公开发表,主要是给我的公开信,他坚定地捍卫他的理论,否认我的实验以及从实验中得出结论的真实性。

我曾一度打算给神父复信,确实也动笔写了个开头,但是,考虑到我的文章中所写的是实验的方法,这是任何人都可重复实验加以印证的,如不能印证,那么辩解也没有任何意义。而且,我的论点是以推论的形式作出的,不是武断的臆想,因而没有必要作辩解。同时考虑到我们两人的争论是用不同的语言来进行的,容易因翻译出错而将论战拖得很长,导致彼此误解,神父的一封信中就有相当多的地方翻译有误。我决定不为我的文章作辩解,与其花时间为做过的实验作辩解,倒不如把我从事公务的业余时间用在做新的实验上。

所以,我从来未给诺莱神父回过信。事实本身的发展也未让我为此遗憾,当时我在皇家学会的朋友李·罗依先生出于愤怒出面驳斥了他。我的文章被译成意大利文、德文和拉丁文,书中的理论渐渐为欧洲的科学家所接受,他们不再相信诺莱神父的理论,只有他本人是自己理论的最后支持者,还有一个例外的是巴黎的更先生,他是神父的门生和正宗传人。

使我这部文集能一下子成为各地公众关注焦点并声誉大振的,是巴黎玛丽学院的达利巴和德洛尔两位先生进行的一项实验,他俩按照我书中提出的一个实验项目,成功地从云中引出了闪电。这件事轰动一时,闻名遐迩。德洛尔先生有一套科学实验的装置,同时他正在讲授这门学科,德洛尔先生用他的那套仪器重复了他所谓的"费城实验"。国王和大臣们是这一实验的首批观赏者。继之,巴黎所有想一睹奇景的人都涌去看过。为节省篇幅,我不拟在此详述这一重要实验的细节,也不打算述说此后不久我在费城做风筝实验取得同样成功时的无限快慰,因为有兴趣的读者可以从有关电学的历史书中找到这两项实验的记载。

当时,一位名叫赖特的英国内科医生从巴黎写信给他在英国皇家学会的一位朋友,叙述我的实验在法国学术界引起广泛好评的情况,进而感叹,为什么我的文章在英国如此不受重视。有鉴于此,皇家学会同意重新审核那些曾经读给他们听过的文稿书信。科学界享有盛名的沃森博士对这些书信,包括我后来就此寄往英国的信件,搞了一份汇编摘要,并附上了他的一些赞语。

这一摘编不久发表在他们的学报上。在伦敦的一些皇家学会会员,其中特别要提到的是极富睿智的坎顿先生,为了证实这一实验,他们用一根尖竿从云中引电,并将实验取得成功的情况向皇家学会作了报告,他们很快就一改以往对我的实验报告不屑一顾的态度,主动接纳我为学会会员,并通过表决免去我按惯例需交的 5 英镑的会费,而且从那时起还向我

赠阅学会学报。英国皇家学会并决定将 1753 年度的戈德弗雷·科普利

羊皮卷

爵士金质奖章授予我,在颁奖典礼上,由学会会长麦克尔斯菲尔德勋爵发表了热情洋溢的演说,对我褒奖有加。

11　赴英请愿

　　这是一个实验的时代,我想一套精确而有系统的实验是很有益处的。因此,我坚信在不久的将来,聪明的科学家们会进行这些实验,并且取得成功。

　　议会后来发现,领主发出的种种指示既违背人民的利益,违背王国政府的利益,又妨碍议会的工作,便决定请求国王废除领主的指示。议会派我作为代言人去英国,觐见国王陛下,并呈递请愿书。在此之前,议会曾向总督提出一项议案,要求拨款6万英镑供国王使用(其中有1万英镑是根据当时的将军劳登勋爵的命令拨出的),总督依照领主的指示坚决拒绝批准。

　　我与纽约邮船的莫里斯船长商定,去英国时搭他的邮船,而且我的行李已经搬上了船。就在这时,劳登勋爵忽然来到了费城。据他说他是来调解总督与议会的矛盾的。他说,两者之间的不和不应妨碍为陛下服务。因而他希望总督和我能在一起开个会,他想听听双方的意见。我们开了个三方会议。我代表议会,竭力要求将能在当时的报纸上找到的我所写的那些争论文章连同议会的议事记录一齐公开发表。总督则搬出领主的指示做挡箭牌,说他必须执行,否则他的前途就结束了。但如果劳登勋爵建议他不理睬领主的指示的话,看起来他似乎不是不愿意冒险。

　　然而,这个勋爵大人却不肯那样做,尽管我曾以为我快要说服他了。最后,他竟竭力要求议会服从总督,并恳请我努力和议会一致做到这一点。他宣布,如果我们再不出钱自己保卫自己,他将不会派一名英国国王的士兵去保卫我们的边界,就让敌人进攻我们好了。

第六章 富兰克林自传

我把这一次会晤的经过告知议会,并且提出了一整套由我起草的决议,再次申明我们的权利;我们将坚决捍卫这些权利,只是出于外界压力,才暂时中止行使这些权利;而对于这种压力我们则表示抗议。议会议员同意先搁置前一议案,重新拟定一个与领主指令相一致的议案。总督当然批准了这一议案,我于是就渡海出国了。但这时,邮船已带着我的海上用品先我而走,这对我来说是某种损失。唯一的酬答是勋爵对我的效劳仅表谢意,调解成功全归他头上了。

他已先我动身到纽约去了。邮船开航归他掌握。纽约当时尚有两艘邮船停泊,其中一艘据他说即将启程。我于是要求得知确切时间,好不致因事耽搁而错过船期。他回答说:"我已公布,它将于下星期六出发。不过我可私下向你透露,你如星期一早晨到达纽约,也还是赶得上的。不过别耽搁太久。"由于在一个渡口出了一些意外,星期一中午我才到达。因为当时风顺,我极为担心,邮船早已起航。不过我很快得到消息:邮船还停在港内,要到明天才开,我才放下心来。人们可能会想,我将要前往欧洲,我也作如是想。但那时,我还并不十分了解勋爵的脾性,举棋不定是他最突出的特点。

这里有例可证。四月初我就到了纽约,可快六月底了,我们才起程。当时有两艘邮船,早就等着开航,但是将军来函老说准备"明天",结果航期一拖再拖。另一艘邮船抵达纽约了,也给留了下来。我们起程之前,第四艘邮船亦将到达。我们乘坐的船因为停靠时间最长,因此将第一个出发。不管怎样,旅客们都整日忙碌,有些人等得极不耐烦,急着要走。商人们则对他们的信函,对他们按保险单等待交付的订货(因为处于战争时期),对他们的秋季货物满心不安,但他们的焦虑实在无济于事。勋爵的信函尚未准备就绪,而不管谁人伺候这位爷爷都会发现,他总是手中擎笔,伏案而书,因而会得出结论,他仿佛有大量东西要写。

一天上午,我前去看他,在他的会客室里遇到从费城来的一个叫伊聂斯的信使,他是特地从费城赶来递交丹尼总督给勋爵的函件的。他交给我几封费城朋友的来信,我问他现在住在什么地方,什么时候回去,以便

189

羊皮卷

托他带几封信回去。他说他得到通知第二天上午9时来取给总督的复信,随后立刻动身。于是,我当天就写好信交给他,可是两星期以后我又在那个地方遇见了他。我问道:

"伊聂斯,你怎么这么快又回来了?"

"不!不是回来。我还没有回去呢!"

"怎么回事?"

"每天早晨,我都到这里取信。但两个星期过去了,爵爷的信还没有写好呢。"

"这怎么会呢?他可是个写作大师呀!我总看见他在伏案疾书。"

"可不是,谁知他就像画上的圣乔治一样,总是在马上骑着,却没看见他走路。"

这位使者的言辞并无失敬之处,因为我后来在伦敦的时候,听说他被皮特先生罢免,另由安麦斯特和乌尔弗两位将军接替他的职务,其中的一个理由就是陆军部长从来得不到他的消息,根本无法确知他在干些什么。

在乘客每天期待着起航的同时,3艘准备开往欧洲的邮船驶进了桑迪港,加入停泊在那里的海军舰队,因此乘客们都认为最好是守在船上,万一邮船突然起航,他们也不至于被丢在岸上。假如我没有记错的话,我

第六章 富兰克林自传

们在船上差不多待了6个星期,吃光了为路途准备的东西,只得再去添购。最后总算看见将军和他的士兵们登上船,向路易堡开去,将夺取这个要塞。所有进入大西洋的船只都奉命随其而行,而且需等待他的命令才能起航。

这样,我们在海上又等了5天,才接到他的一纸命令,可以出发。这时候,我们这艘邮船才得以离开舰队开往英国。另外两只邮船被继续扣留,并被舰队带到哈利法克斯,在那里停留了一段时间,以便将军进行军事演习,训练部队向假想的要塞发动攻击。可是,此后这位将军又放弃了攻打路易堡的计划,带着他的全部人马以及两只邮船和船上的乘客回到了纽约。在这段时间里,法国人和印第安人攻取了边境地带和军事要塞乔治堡,并且在守军投降之后,这些野蛮人屠杀了许多俘虏。

后来,我在伦敦见到了邦德舰长,三艘班船中有一艘归他指挥。他在那里被拖了一个月后,通知勋爵阁下说他的船底黏结的海藻贝壳越来越多,已经影响了船快速航行的速度,情况十分危险,请求将军许给时间将船侧过身来清扫船底。勋爵阁下问这要多少时间,他回答说3天。将军答复道:"如果你能一天内完成,我就许你,否则不成,因为后天你一定得起航。"因此,他尽管被日复一日地拖留了整整3个月,却从来没有得到这位将军的许可。

在伦敦时,我还见到了博内尔船上的一位乘客,他对这位爵爷在纽约蒙骗、耽搁了他这么久,尔后又把他拖到哈利法克斯,接着又拖回纽约愤怒至极,发誓要控告他,让他赔偿损失。至于他是否起诉了,我没有得到任何消息,不过照他当时所说,他所遭受的损失一定不小。

总的说来,我颇感纳闷,这样一个人怎么会被委以指挥这样一支大军的重大使命呢?然而,从那以后我见到了更多的大世面,见到了各种谋取职位与工作的手段和许愿封官的动机,我的困惑也就随之减弱了。倘若雪利将军仍旧在任,准会发起一场比劳登1757年发起的那场草率轻浮、代价巨大、给我们国家招致无法想象的耻辱的战役漂亮得多的战役。他虽说不是军人出身,但敏感善断,倾听别人的建议,能够制订出缜密无误

191

的作战计划,并且迅速主动地付诸实施。而劳登呢,不是用这支大军保卫各殖民地,而是抛下它们不予任何防守,到哈利法克斯进行不起任何作用的自我炫耀,乔治堡正是由于这一举动而失陷的。再则,他以不让敌人获取给养为由,发布了长期禁运令,而事实是,为了压低我们的售价,他偏袒承包商,从而扰乱了我们的贸易业务,给我们的生意造成了巨大损失。据说,也许仅仅出于怀疑,承包商所赚的利润也有将军的一份。等到禁令最终解除时,他竟然忘了往查尔斯顿发通知,卡罗莱纳船队在那里被阻留了近3个月,船底被凿船虫严重损坏,结果很大一部分船在返家途中沉没。

当然,我相信,对于不熟悉军事的雪利而言,能够卸下指挥殖民地军队这一重任实在是一件值得庆幸的事。我出席了纽约市为劳登勋爵就任举行的招待会。雪利虽被取而代之,但也参加了招待会。作陪的军官、市民以及素不相识的人共聚一堂。有些椅子是从街坊那儿借来的,其中有一张很矮,恰巧安排给雪利。我坐在他的旁边,亲眼目睹了这一情况,便说:"他们给了你一个这么矮的座位。""没关系,富兰克林先生,"他说,"我倒觉得矮座位坐起来最舒适。"

此次滞留纽约期间,我收到了很多为布雷多克提供粮食等物的各种账单,其中有些账单我还未来得及从我所找的采购员中收回。我把这些账单呈递给劳登勋爵,请求付给他们所欠的余额,他命军需官对账目进行彻底检查,军需官在逐条逐款地核对付款凭证后,证明账目和所欠我的钱款准确无误。勋爵大人答应给我开张支票,可他一拖再拖,我多次按约定时间去取,但都空手而回。最后,在我启程前,他说他考虑再三,决定不把他的账目和他前任的账目混在一起。他说:"到了英国,只要你把账单呈报财务部,他们会立即付款的。"

我提到,我长期滞留纽约,额外的花费是相当大的,希望他能立即付钱,这些我都说了,但是没有用。并且我还说买粮草的钱是我垫付的,我又没有从中提取佣金,理应立即偿还。他答道:"哦,先生,不要讲你没有从中赚钱,我们对这些事情很了解,我们也知道每个采办军需的人都有办法把钱装进自己的腰包。"

第六章 富兰克林自传

我向他保证我绝对没有这样做,我没有从中赚过一分钱,但他显然不相信我的话。后来我才得知,在供应军需时发大财是常有的事。至于他们所欠我的余款,直至今日仍未偿还,我以后还要提到这件事。

在我所乘坐的那艘邮船起航之前,船长曾极力吹嘘他的船的航速。可是,不幸的是,等我们的船一入海,它却成了96艘船中最慢的一艘,实在很是难堪。对船速何以如此之慢众说纷纭。这时,另一艘同样慢速的邮船正欲追上我们这艘船。这时,船长下令船上所有人员都去船尾,站在尽可能靠近旗杆的地方。包括乘客、船员在内约40人全站在船尾处,而此时船速加快了,很快便将那艘想赶上我们的船甩在后面。这证实了船长的猜测:船头负荷过重。船头处原先放着水箱,于是把水箱移到船尾,这样一来,船速明显提高。看来,船长的话不错,这艘船确实是船队中最快的一艘。

我们这位船长说,这艘船曾达到过13节的速度,即每小时13海里,对此,船上的一位乘客、皇家海军的一位名叫肯尼迪的船长争辩说,这不可能,还从没见过这么快速的船,一定是测速绳的分节上出了问题,或者是测速绳放置时出了差错。两位船长就此打起赌来,声称等到风足水顺时,就来验证谁胜谁负。肯尼迪检查了测速绳,没有发现有什么问题。于是他又决定自己测速。几天后,等到了可以验证的好天气,那位邮船船长勒特维奇说,他坚信邮船正以13节的速度前进。而肯尼迪在作了一番测试后承认自己输了。

我叙述的以上事实,是为了说明以下的观点:人们一直认为,造船工艺中存在某种缺陷,即一艘新建造的船在下水前是无法预先知道其优劣的。正因为如此,新造的船总是仿照船速理想的船的模型建造。但是结果往往适得其反,十分笨拙。我以为这其中的部分原因是船员们对装货、置帆、驾驶等方面的操作意见相左,各执一词,难以统一。即使同一条船,也往往因船长指挥装货方式的不同而表现不同。此外,一艘船从建成、装备下海到驾驶航行,很少由同一人独自完成的,而通常是一人完成船身的建造,另一人给配置风帆,第三个人则装货开航,他们中谁都不可能知道其他人的想法和经验,因而也就得不出可以统观全局的综合性的结论。

即使是海上航行这样简单的驾驶操作,我也常常注意到不同的船上值班人员所下的命令是不一样的,虽然风向、风速相同。一个人可能比另外一个人把帆扯得更高一些或更平一些,看来并无确定的规则可依。不过我想可以做一套实验来解决这一问题:首先确定最佳航速的船体;第二,确定桅杆的大小和放置的合适位置;第三,确定风帆的样式和数量,以及随风向不同而扯动风帆的方式;最后确定置装货物的位置。这是一个实验的时代,我想一套精确而有系统的实验是很有益处的。因此,我坚信在不久的将来,聪明的科学家们会进行这些实验,我预祝他们取得成功。

航行途中,我们多次被别的船只追赶,但总是我们的船领先。在30天之内,我们就驶进浅水区了,我们做的观测很好,船长判定我们已接近法尔茅斯港,这样,如果我们在夜间全速前进,第二天早晨就能离开港口的入口处,而且夜里航行能逃避敌人的掠私船的注意,因为敌船常在港湾口逡巡。于是,我们扯起了所有的风帆,风助船势,我们的船飞快地驶过港口。船长做了观察后,重新确定了航向,如他所想这样就可远避悉利岛。但是看来圣乔治海峡里有股海流,它使得航海者上当,导致了克劳德斯利·肖维尔的船队遇难,这股海流也许正是导致我们的船出事的原因。

我们派一个人在船头放哨,并时不时对地他喊:"留心前方!"他也不断地回答:"唉,唉。"然而,也许他当时打瞌睡闭上了眼睛,他的回答听起来是那样机械,因为他没有看到我们正前方有灯光。那道光被翼帆挡住了,操纵舵轮的人以及其他放哨的人都没有看见。后来船偶然偏荡,我们才发现它。船上的人大吃一惊,我们离那灯光已经很近了。我看到它有车轮子那么大。当时正是夜半时分,船长已经进入梦乡。但肯尼迪船长却跳到甲板上,看到有危险,便命令船慢慢绕过去,所有的帆保持不变。这对船桅很危险,但却使我们避开了礁石,安然度过了险关,因为当时我们的船正向着那块上面设置着灯塔的礁石上冲去,这次死里逃生使我对航标灯塔的作用留下了深刻的印象,并使我下定决心要鼓励在美国设置更多的灯塔,如果我能活着回去的话。

第六章 富兰克林自传

第二天早晨,我们通过测量水深等办法发现,船离港口已经很近了,但浓雾使我们无法看见陆地。大约9点钟,雾气开始升腾,就像戏院里的大幕一样从水面上升起,露出了下面的法尔茅斯城、港口内的船只以及周围的田野。对于那些这么长时间除了单调的空旷的大海看不到任何其他景色的人来说,这实在是赏心悦目的景观。它给了我们这些终于从令人惴惴不安的战争状态中逃脱出来的人们以极大的乐趣。

我和儿子立刻动身去伦敦,途中仅做了几次短暂的停留,去看了索尔兹伯里平原上的巨石阵,在威尔顿参观了彭布鲁克勋爵的故居及花园。1757年7月27日,我们抵达伦敦。

在查尔斯顿先生为我提供的住处安顿下来以后,我就去拜访福瑟吉尔博士。有人向他极力推荐过我,并建议我去听听他的意见,因为他的意见关系到我下一步的行动。他不赞成马上向政府控告领主们,而认为首先应当亲自去找领主们谈谈,因为一些私人朋友的干预与劝说很可能会使他们行事有所收敛,从而友好地解决此事。接着,我又去拜访我的老朋友,记者彼德·柯林森先生。他告诉我说,那个弗吉尼亚大商人约翰·汉伯里曾要求他等我一到伦敦马上通知他,他会带我去找当时的议会议长格兰维尔勋爵,他希望能尽快见到我。我同意第二天一早就和他一道去。

第二天早上,汉伯里先生就来接我,用他的马车把我送到那位贵族老爷家里。格兰维尔勋爵彬彬有礼地接待了我。在谈到美国的现状时询问

195

羊皮卷

了我几个问题之后,他说:"你们美国人对你们的政体性质理解有偏差。你们认为国王对他的总督的指令不是法律,你们可以随心所欲地选择服从或不服从。但那些指令可不是大臣临出国时国王为制约他在小事上的行为而临时给他的简短指示。那些指令都是先由法官们根据法律起草出来,再经内阁审查、辩论,也许还要修改,最后才由国王签署的。那些指令只要与你们有关,就是大陆的法律,因为国王是'殖民地的立法者'。"

针对此番言论,我回答格兰维尔勋爵说,您的这种说法我还是第一次听到。我一向认为,根据我们的宪章,我们的法律应当由我们的议会制订,然后呈报国王批准,但法律一旦呈报,国王不得拒绝批准或修改。正如议会不经国王批准无法制订永久性法律一样,国王不经议会同意也无法为他们制订法律。他向我断言说我完全搞错了,但我不那样认为。然而,那位老爷的谈话却颇使我震惊,不知他的谈话是否代表了政府对我们的态度。所以,我一回到住所,马上就把他的话记了下来。我记得,大约20年前,内阁曾向国会提交一项议案,其中,有这么一条,就是建议将国王的指令变成殖民地的法律,但那一条款被下院删去了,为此我们还把下院尊为我们的朋友、自由的朋友。直到1765年,通过他们对待我们的态度,我们才看清了他们的真实面目,原来,那次下院拒绝给予国王那份权力,是想把权力牢牢控制在他们自己手里。

过了几天,在福瑟吉尔博士的精心安排下,领主们同意在T. 潘先生家的"春园"中与我会面。谈判开始的时候,双方都表示愿意做出合理的让步,以求得问题能够合理解决。但是,我很清楚双方对于"合理"各有自己的解释。

接着,开始讨论我一一列举出的各点控诉,领主们尽力为他们自己的行为辩解,我也全力替州议会的行为辩护。双方的观点相距甚远,似乎不可能达成什么协议。最后,双方还是商定由我把控诉的项目一一列出,书写成文,他们再加以考虑,我立即写好送去。但是,他们只是把我的控诉文书交给了他们的律师斐迪南·约翰·鲍黎,这个人在他们跟我的邻州马里兰的领主鲍得摩尔勋爵进行的那场诉讼案中负责处理全部事务,那场官司持续了 70 年之久。当时，领主们与议会争执的所有文件和信函都是他执笔。

此人傲慢轻狂，脾气暴躁。由于我在州议会给他们的复文中曾经对他起草的文件痛加批驳，因为那些文件不但没有确凿的事实根据，而且措辞粗暴无礼。所以他对我非常敌视，而且只要见到我，这种情绪就毫不掩饰地流露出来。由于这个原因，领主们提出要我和他代表双方讨论控诉的各项条文时，我拒绝了，同时申明除了领主们以外我不愿跟任何人谈判。

那时，他们根据鲍黎的建议把我的申诉文件交给了检察长和副检察长，要求他们提出意见和处理办法，但是，这件案子却被耽搁了一年之久。在这期间，我多次要求领主们给以答复，但他们总说还没有得到检察长和副检察长的明确指示，其实，他们到底得到了没有，我也无从知道，他们从来没有对我提起过。相反的，他们倒是让鲍黎给我们议会写去一封信，对我起草的申诉书大加攻击，极力替他们自己的所作所为辩护，最后表示，如果议会能派一位坦诚公正的人来洽谈，他们还是愿意合作的。言外之意，我不是他们想要的人。

他们信中所谓的缺乏礼貌、粗俗，很可能是指我在给他们的文件中没有使用他们常用的"宾夕法尼亚州真正的、绝对的领主"这一称谓，我之所以省略这一称谓，主要是认为没有必要，因为这种文件只要将口头表达的内容见诸文字，表达清楚就行了。

就在我等待消息的日子里，我们的议会做通了丹尼总督的工作，使其同意通过一项法令，对领主也像普通人那样征收财产税，这曾经是议会与总督间争执的关键问题，为此，议会并没有对鲍黎起草的信件作出答复。

当该议案送到英国时，领主们与莫里斯商议后，决定阻挠它得到国王的批准。他们在枢密院向国王申诉，于是，枢密院组成了一个听证会。领主们雇了两名律师反对这一议案，我也雇了两名律师来维护这一议案。

他们断言该议案的目的完全是为了减轻人民的负担而加重领主的财产负担，并声称如果该议案形成有效法律，由于人民向来对他们有反感，

羊皮卷

人民就可以决定他们征税的比例。这样，他们必将破产。我方律师立即答道，该议案绝对没有这样的意图，也不会造成如此后果。估税员都是诚实谨慎的君子，他们都立下誓言要公正合理地估税。如果他们希望用增征领主税的办法来减少自己的税额，所能获利也是微乎甚微的，他们也不至于违背诺言作假。

根据我的记忆，这些就是双方陈述的要旨。此外，我们还强调指出，如果废除这项法令，肯定会带来严重后果，因为我们已发行10万英镑金额的纸币，供英王用于扩充军备，纸币现已在民间流通，法令的废除将使他们手中的纸币即刻成为废纸，许多人会因此而倾家荡产，将来给政府的拨款就无望了。我们也着重指出，领主们仅仅是无中生有，害怕他们的产业税过高，有可能从而导致破产，这是绝对不可能的事。

这时，枢密院的一位大臣曼斯菲尔德男爵站了起来，向我招了招手，当律师们进行辩论时，他把我拉进了秘书室，问我是否真正知道在执行这一法令时领主的财产不会受到侵害，我说当然不会。他说："你不反对立约保证这一点吧？"我答道："一点也不反对。"于是，他把鲍黎喊进来，双方讨论了一番后都接受了男爵的建议。枢密院的秘书就依此起草了一份文件，我和查尔斯先生在上面签了字——查尔斯先生也代表宾夕法尼亚州处理日常事务。曼斯菲尔德男爵重新回到了会议室，枢密院终于批准了该项法令。

枢密院又建议对法令作某些必要的修改，我们也保证将这些修改放进附加法中。但州议会认为无此必要，因为在枢密院的命令到达之前，这个法令所定的第一年的税已征收了。州议会指定领主们的几位密友组成一个委员会，检查估税工作，经过详细调查后，委员们一致签署了一份报告，证明估税工作完全是公正的。

州议会分析了我签订的担保合约的第一部分，认为我为保护宾夕法尼亚州的利益做出了重要贡献，因为它保护了散落于国内各处百姓手上的纸币的信誉。当我回来后，议会正式向我表示感谢。不过，领主们都恨透了丹尼总督，因为他签字批准了这项法案，他们把丹尼赶下了台，并扬言要控告他,因为他违背了同领主签约中必须遵守的义务。但是丹尼是应将军命令,而且又是为了英王陛下军务才批准法案的,加上丹尼在朝廷中也认识一些颇有权势的人物,所以,丹尼并不把这种威胁放在眼里,而且威胁也从来没有付诸行动。

（未完,富兰克林即去世）